U0270231

人工智能伦理译丛

译丛主编　杜严勇

【瑞典】斯文·尼霍姆◎著

刘铮◎译

人与机器人：

伦理、行动与拟人论

上海交通大学出版社
SHANGHAI JIAO TONG UNIVERSITY PRESS

内容简介

  机器人能否作出决定、与人类合作、成为人类的朋友、与人类坠入爱河，或者是否有可能伤害人类？本书直面人与机器人交互过程中新出现的伦理问题。从军用机器人到自动驾驶汽车，再到护理机器人，甚至是配备人工智能的性爱机器人：我们应该如何解释这些机器人表面上的能动性？本书认为，我们需要探索人类如何以负责任的方式与机器人进行最佳的协调与合作。本书研究了人类与机器人在伦理上的重要差异，以期实现负责任的人-机器人互动伦理。

Copyright © 2020 by Sven Nyholm
First issued as a Rowman & Littlefield Publishing Group Paperback，2020
Chinese（Simplified）copyright © 2023 by SJTUP
上海市版权局著作合同登记号：图字：09 - 2023 - 526

图书在版编目（CIP）数据

  人与机器人：伦理、行动与拟人论 ／（瑞典）斯文·尼霍姆（Sven Nyholm）著 ；刘铮译. -- 上海 ：上海交通大学出版社，2024.8 --（人工智能伦理译丛 ／杜严勇主编）. -- ISBN 978-7-313-31245-7

  Ⅰ. TP18；B82-057

  中国国家版本馆 CIP 数据核字第 2024A8H431 号

人与机器人：伦理、行动与拟人论
REN YU JIQIREN：LUNLI、XINGDONG YU NIRENLUN

译丛主编：杜严勇		著 者：[瑞典] 斯文·尼霍姆	
译 者：刘 铮			
出版发行：上海交通大学出版社		地 址：上海市番禺路 951 号	
邮政编码：200030		电 话：021 - 64071208	
印 制：上海颛辉印刷厂有限公司		经 销：全国新华书店	
开 本：710 mm×1000 mm 1/16		印 张：15.25	
字 数：196 千字			
版 次：2024 年 8 月第 1 版		印 次：2024 年 8 月第 1 次印刷	
书 号：ISBN 978 - 7 - 313 - 31245 - 7			
定 价：78.00 元			

版权所有 侵权必究
告读者：如发现本书有印装质量问题请与印刷厂质量科联系
联系电话：021-56152633

译丛前言 | Foreword

　　关于人工智能伦理研究的重要性，似乎不需要再多费笔墨了，现在的问题是如何分析并解决现实与将来的伦理问题。虽然这个话题目前是学术界与社会公众关注的焦点之一，但由于具体的伦理问题受到普遍关注的时间并不长，理论研究与社会宣传都有很多工作需要开展。同时，伦理问题对文化环境的高度依赖性，以及人工智能技术的发展与应用的不确定性等多种因素，又进一步增强了问题的复杂性。

　　为了进一步做好人工智能伦理研究与宣传工作，引进与翻译一些代表性的学术著作显然是必要的。我们只有站在巨人的肩上，才能看得更远。因此，我们组织翻译了一批较新的且具有一定代表性的人工智能伦理著作，组成"人工智能伦理译丛"出版。本丛书的原著作者都是西方学者，他们很自然地从西方文化与西方人的思维方式出发来探讨人工智能伦理问题，其中哪些思想值得我们参考借鉴，哪些需要批判质疑，相信读者会给出自己公正的评判。

　　感谢本丛书翻译团队的各位老师。学术翻译是一项费心费力的工作，从事过这方面工作的老师都知道个中滋味。特别感谢哈尔滨工程大学外国语学院的毛延生教授、周薇薇副教授团队，他们专业的水平以及对学术翻译的热情令人敬佩。

　　上海交通大学出版社对本丛书的出版给予大力支持，特别是崔霞老师、蔡丹丹老师、马丽娟老师等对丛书的出版做了大量艰苦细致的工作，令我深受感动。上海交通大学出版社的编辑团队对丛书的译稿进行了专业的润色修改,使丛书在保证原有的学术内容的同时,又极大地增强了通俗性与可读性,这是我完全赞同的。

本批著作共五本,是"人工智能伦理译丛"的第一辑。目前,我们已经着手进行第二辑著作的选择与翻译工作,敬请期待。恳请各位专家、读者对本丛书各方面的工作提出宝贵意见,帮助我们把这套书做得更好。

本丛书是 2020 年国家社科基金重大项目"人工智能伦理风险防范研究"(项目编号:20&ZD041)的阶段性成果。

杜严勇

2022 年 12 月

序 言 | Preface

致中国读者

在 2021 年 8 月的一场活动中,著名的技术先锋、特斯拉汽车公司的创始人埃隆·马斯克(Elon Musk)介绍了他所谓"特斯拉机器人"(Tesla Bot)的计划。马斯克计划打造一种类人机器人:外表和行为举止都与人类相似的机器人。我们社会上的许多人和马斯克一样,都对创造类人机器人的前景颇感振奋。

但也有一些人对打造类人机器人持批评态度。为什么会有人想这么做呢? 为什么我们不坚持去使用那些在外表和行为上与人类不相像的机器人呢? 比如,自动驾驶汽车。

在演讲中,马斯克还谈到了自动驾驶汽车。他表示,特斯拉研发的自动驾驶汽车"基本上是带轮子的半意识机器人"。"特斯拉是名副其实的世界上最大的机器人公司。"因此,将公司所研发的半意识机器人赋予"人形"是有意义的。故而他提出了"特斯拉机器人"的构想。

为了解释他的构想,马斯克展示了一张类人机器人的照片。但是这个机器人并没有类似人的脸庞,也没有类似人的肤色,而是有着半黑半白的肤色。在演讲中,马斯克介绍了他设想的特斯拉机器人将配备的一些技术,包括人工智能相关技术,以及与机器人的运动相关的机械方面的技术。马斯克还解释了这些机器人能够起到的作用：通过消除"危险的、重复的、无聊的差事"，将人类从无谓的工作中解放出来。

至于那些可能对机器人心生畏惧或担心对机器人失去控制的人，马斯克向听众保证，这些机器人将被设计成"友善的"。它们没有任何属于自己的欲望或愿望，只会服务和帮助人类。此外，马斯克还表示，这些机器人将被设计得足够弱，人们可以在与机器人的打斗中轻松取胜。除此之外，这些机器人的速度也足够慢，如果人们感到害怕，可以很容易地从它周围跑开。

马斯克的理念是，具有人类外形的机器人可以代替人类去做很多无聊的工作。但马斯克所展示的特斯拉机器人并没有类似人的脸庞，也没有性格，比大多数人更弱、也更慢。所以，大多数人可能不会反对将这样的机器人看作仆人或奴隶。它们为我们工作，而没有任何自己的想法。

但如果这类机器人被赋予人的长相和性格，情形将会如何呢？我们对制造类人机器人又会有什么看法呢？想象一下，一位中国发明家开始制造一个看起来像中国人的机器人，给它起了名字，并让它像中国人那样待人接物。这可能会改变中国人对这个机器人的看法。也许人们并不介意让一个没有类似人的脸庞或性格的特斯拉机器人为他们工作，接手那些无聊的任务。但是，对于一个在外表和行为方面都与中国人相像的机器人，人们可能会有非常不同的感受。

在日本，机器人研究人员石黑浩正在创造具有人脸特征和个性的类人机器人。其中一款机器人就是石黑浩本人的复制品。另一款被称为"艾丽卡"的机器人则具有日本女性的外貌，并具有日本女性那样的行为举止。与马斯克不同，石黑浩打造类人机器人是为了让人类更好地了解自己，而不是去接手那些无聊的工作。可能石黑浩并不愿意让他的机器人与马斯克的特斯拉机器人在一起工作，去接手那些危险的或无聊的任务。但石黑浩很可能并不介意有一辆自动驾驶汽车载着他到处跑,或者一个扫地机器人为他打扫地板。

提出上述例子是为了说明,由于不同机器人在外形和行为方式等方面的差异,人类会对机器人产生各种不同的反应,这就引出了一系列哲学问题。如果机器人对人类造成潜在的伤害——如自动驾驶汽车可能引发车祸——这就引发了应该如何编程机器人以令其行为表现良好这一伦理问题。如果机器人看起来像人类,比如像一位中国人,这可能就会引发相关的伦理问题,比如,人们应该如何对待机器人?然而,如果只是一台小型的、与人类无任何相似之处的扫地机器人,就不会引发此类伦理问题。人们仍然可以就此提出一些哲学问题。比如,这样的机器人是智能的吗?它们有自己的愿望和信念吗?它们能够像人类那样理性行事吗?这些问题看起来很愚蠢,但当涉及其他类型的机器人时,这些问题就非常有趣了。这本书就是关于这些问题的,它是关于机器人应该如何在人类社会中行事,以及人类应该如何对待这些机器人的。

我写这本书,是从西方哲学的传统中来探讨人与机器人的关系问题的。比如,在本书的一些章节中,我探讨了亚里士多德(Aristotle)、西塞罗(Cicero)和康德(Kant)的思想。我也探讨了许多当代的西方哲学学者所提出的论点和思想。我还在本书中提出了很多我个人的论点和思想。用东方传统哲学思想来思考这本书的主题也将会很有趣。比如,如何运用中国传统哲学思想来探讨本书中所涉及的那些问题?我已开始学习中国传统哲学,在我刚刚写成的《技术伦理学导论》(*This is Technology Ethics: An Introduction*)一书中,我就探讨了中国古代的儒家思想及其与当代技术哲学问题(比如,人工智能和机器人问题)的关联。

现在,我希望本书的中国读者能发现,在这本书中所探讨的问题是非常有趣的。在此,我要衷心地感谢刘铮博士能够拨冗翻译此书,从而让中国的读者能用自己的母语窥其究竟。在很多场合,无论是在美国读博期间还是现在我在荷兰工作期间,我都遇到过一些中国学者,并与他们探讨交流。就我的经验而言,我所遇到的中国学者对哲学问题的兴趣与我本人完全相同。故而,我希望中国的读者会发现本书有趣的一面,就像我本人在探讨和写作本书的过程中,对人与机器人的话题始终很感兴趣一样。

斯文·尼霍姆(Sven Nyholm)
2022 年 4 月写于荷兰乌得勒支

目 录 |Contents

第 1 章　人类心智与人工智能的相遇 / 1

第 2 章　人工智能与人类责任：一个"存在主义的"问题 / 29

第 3 章　人-机器人协作与职责缺漏问题 / 53

第 4 章　人-机器人协调：以混合交通为例 / 81

第 5 章　机器人的"人"际关系 / 105

第 6 章　机器人的读心术 / 129

第 7 章　机器人的美德与义务：机器人能够为善吗？ / 153

第 8 章　机器人的权利：机器人应该为奴吗？ / 181

参考文献 / 208

致 谢 | Acknowledgements

　　这本书的部分内容已在各种会议和座谈会上宣读。第 1 章的主要观点以讲座的形式宣读于由艾恩德霍芬理工大学和蒂尔堡大学联合举办的 2018 年霍尔斯特研讨会上,以及在巴黎举行的 2019 年神经伦理学会议上。第 2 章则是基于我在 2017 年南安普敦"人工伦理"会议上所做的主题演讲撰写而成。在 2017 年的早些时候,第 2 章的论文材料提交给了特文特大学,之后又提交给了 2018 年度乌得勒支应用哲学学会。第 3 章中的主要观点首先于 2016 年在海牙举行的国际社会本体论学会年会上宣读,其早期版本发表在《科学与工程伦理》(*Science and Engineering Ethics*)期刊上。我在 2016 年于乌得勒支举行的关于人类尊严的会议上,以及在 4TU -伦理与技术研究中心举办的年度研究日活动上,宣读了第 4 章的部分内容。第 4 章的早期版本则是与吉尔斯·斯米兹(Jilles Smids)一起合作完成的,并在《伦理学与信息技术》(*Ethics and Information Technology*)期刊上发表。第 5 章的部分内容在 2018 年的乌得勒支"哲学日"上宣读,并于 2019 年 9 月在蒂尔堡的一次公开讲座中与约翰·丹纳赫(John Danaher)展开探讨。在这次讲座中,我还介绍了第 8 章的部分内容。在巴黎举办的 2018 年神经伦理学会议上,我宣读了第 6 章的部分内容,而第 7 章的部分内容是 2019 年在乌普萨拉举办的人工智能伦理工作坊上宣读的。我感谢参加上述活动和会议的同僚,感谢他们给予我受用的反馈意见。

　　在写作本书的过程中,我要感谢乔尔·安德森(Joel Anderson)、汉娜·伯克斯（Hannah Berkers）、安东尼奥·比基奇（Antonio Bikié）、蒂恩·博吉斯（Tijn Borghuis）、乔安娜·布赖森（Joanna Bryson）、约翰·丹纳赫、鲁斯·德容（Roos De Jong）、莉莉·弗兰克（Lily Frank）、卡罗琳·赫尔姆斯（Caroline Helmus）、杰夫·基林（Geoff Keeling）、帕斯卡尔·勒布朗（Pascale Le Blanc）、里卡多·洛佩斯（Ricardo Lopes）、朱利奥·麦卡奇（Giulio Mecacci）、安东尼·梅耶斯（Anthonie Meijers）、安娜·梅利尼克（Anna Melnyk）、伊丽莎白·奥尼尔（Elizabeth O'Neill）、索尼娅·里斯彭斯（Sonja Rispens）、兰布尔·罗亚科斯（Lambèr Royakkers）等，在与他们的交谈中，我受益良多。我还要感谢"社交机器人"课程的参与者们，他们是：菲利普·桑托尼·德西奥（Filippo Santoni de Sio）、吉尔斯·斯米兹、丹尼尔·泰格德（Daniel Tigard）、马雷克·万祖拉（Marek Vanzura）；以及我的"风险哲学"博士课程的参与者，还有很多其他人。此外，我还得到了我妻子的支持，以及我们在瑞典和德国的家人的支持。同样值得一提的是卡梅洛，一只英格兰可卡犬，它一直以自己独特的方式支持我和我的工作，在我写这本书的过程中，他以 17 岁半的高龄离世了。

我非常感谢约翰·丹纳赫、布赖恩·厄普（Brian Earp）和吉尔斯·斯米兹在我最终写作阶段对整本书稿的阅读和批评。我也很感激罗曼和利特尔菲尔德国际公司（Rowman & Littlefield International）的伊泽贝尔·考伯-科尔斯（Isobel Cowper-Coles）、弗兰基·梅斯（Frankie Mace）、斯嘉丽·弗内斯（Scarlet Furness）、梅雷迪思·尼尔森（Meredith Nelson）、布里安娜·韦斯特维尔特（Brianna Westervelt），以及其他团队成员。谨以此书献给我深爱的妻子，凯瑟琳·乌德（Katharina Uhde）。

第 1 章

人类心智与人工智能的相遇

1.1 索菲娅争议

2017 年 10 月,在利雅得举行的未来创新投资大会上,东道主沙特阿拉伯方面宣布,授予机器人索菲娅(Sophia)荣誉公民身份。宣告者自豪地说,这是他们第一次授予一个机器人以公民身份。沙特方面随后在其国际交流中心的网站上证实了这一消息。在声明中,沙特方面称索菲娅为一个"高级仿生的类人机器人",兼具"聪颖和率真"。[①] 在会议活动中,索菲娅参加了一个座谈小组,并作了发言。除此之外,索菲娅还说了以下几句话:

> 感谢沙特阿拉伯王国。我对这一独特的荣誉感到非常荣幸和自豪。成为世界上第一个被授予公民身份的机器人是具有历史意义的。[②]

索菲娅是一个会说话的类人机器人,由总部位于香港的汉森机器人公司制造。索菲娅的后脑勺是透明的,所以人们可以看到机器人内部的电子设备。但是,它的脸和人脸看起来非常相似,它还能以非常像人的方式微笑和假笑。汉森公司的官方网站[③]这样写道:"我们赋予机器人以生命。"官网上还宣称:"索菲娅拥有陶瓷般光滑的皮肤、细长的鼻子、高高的颧骨、迷人的微笑,还有一双会说话的眼睛。"该公司的目标是"创造关心人类并提升人类生活品质的活脱脱的智

---

① "Saudi Arabia Is First Country in The World to Grant a Robot Citizenship," Press Release, October 26, 2017, https://cic.org.sa/2017/10/saudi-arabia-is-first-country-in-the-world-to-grant-a-robot-citizenship/(Accessed on December 27, 2018).

② 同上。

③ https://www.hansonrobotics.com/sophia/(Accessed on December 27, 2018).

能机器"。该网站还宣称要举办一部名为"成为索菲娅"的"超现实秀",这部"超现实秀"将跟随索菲娅的"旅程",讲述她如何成为一个"超级智能的亲切的存在"。最终,索菲娅将会成为一个"有意识的、活脱脱的机器"。

除了在沙特被授予公民身份外,索菲娅还出现在各种电视节目中,如"吉米·法隆今夜秀"和各种新闻节目。索菲娅亦曾与世界各国领导人会面,比如曾与德国总理安格拉·默克尔(Angela Merkel)一起"自拍"。索菲娅还出席了联合国大会,以及世界上讨论国际安全政策的前沿论坛——慕尼黑安全会议。① 所有这些都得到了媒体的广泛报道。因而,在某些方面,对于汉森机器人公司来讲,机器人索菲娅已然取得了骄人的成绩。不管索菲娅是否会成为一个超级智能的、有意识的、非常亲切的存在,肯定有很多高调人物对索菲娅非常感兴趣,他们或渴望、或愿意以对待人类的方式与索菲娅互动。那么,还有多少机器人在娱乐节目和新闻节目中受到追捧,与世界领导人和政策制定者一起出现,或者被授予荣誉公民身份呢?

与此同时,机器人索菲娅也面临着来自机器人学和人工智能(AI)领域多位顶尖专家的强烈反对。例如,机器人学和人工智能专家乔安娜·布赖森,她因反对像对待人类一样对待机器人,并直言不讳地指出"机器人应该成为奴隶"而名噪一时②。当她接受"活力"节

---

① Noel Sharkey (2018), "Mama Mia, It's Sophia: A Show Robot or Dangerous Platform to Mislead?," *Forbes*, https://www.forbes.com/sites/noelsharkey/2018/11/17/mama-mia-its-sophia-a-show-robot-or-dangerous-platform-to-mislead/#407e37877ac9 (Accessed on December 27, 2018). 与默克尔的"自拍"发布于索菲娅的脸书页面:https://www.facebook.com/realsophiarobot/posts/meeting-angela-merkel-yesterdayin-berlin-was-a-real-highlight-i-loved-speaking-/439522813189517/(Accessed August 20, 2019)。

② Joanna Bryson (2010), "Robots Should Be Slaves," in Yorick Wilks (ed.), *Close Engagements with Artificial Companions*, Amsterdam: John Benjamins Publishing Company, 63 - 74. 布赖森的观点比这篇文章的标题所暗示的要微妙得多。在第8章中有更多关于这方面的内容。

目关于索菲娅公民身份问题的采访时，她毫不掩饰地说："这纯属瞎扯淡。"为了解释她的意思，布赖森继续说："这件事究竟关乎什么呢？它关乎拥有一个你可以随意开关的所谓平等者。如果人们认为可以通过购买而获得一个公民，那会对人们产生什么影响呢？"①

一些顶尖专家在推特上宣泄他们的情绪。时常被称为"现代机器人之父"的罗德尼·布鲁克斯(Rodney Brooks)发推文指出"这完全是假的，这是一场彻底的骗局"②——他似乎完全同意布赖森的观点。杨立昆(Yann LeCun)是纽约大学一位备受瞩目的研究教授，同时也是社交媒体公司脸书(Facebook)的"首席人工智能科学家"。他因对深度学习的发展做出了重大贡献而获得艾伦·图灵奖。杨立昆在推特上写道：

> 索菲娅机器人之于人工智能就像变戏法之于真正的魔术。或许我们可以称之为"货物崇拜式人工智能"③(Cargo Cult AI)或"徒有其表的人工智能"(Potemkin AI)或"绿野仙踪式人工智能"(Wizard-of-Oz AI)。换句话说，这件事纯属胡扯(原谅我口出脏话)。④

机器人学出身的伦理学家诺埃尔·夏基(Noel Sharkey)"在人工智能、机器人学、机器学习、认知科学等相关领域耕耘了四十年。"⑤他

---

① James Vincent (2017)，"Pretending to Give a Robot Citizenship Helps No One," *The Verve*， https://www. theverge. com/2017/10/30/16552006/robot-rights-citizenship-saudi-arabia-sophia (Accessed on December 27，2018).
② 引自 Sharkey，"Mama Mia，It's Sophia."。
③ 货物崇拜(Cargo Cult)是一种人类学现象，它指的是在20世纪中叶被发现的在大洋洲的某些区域(如巴布亚新几内亚)的原住民中流行的对现代物品的崇拜现象。彼时，太平洋战争一度燃烧到巴布亚新几内亚，日美两国的军队都雇佣过当地原住民进行机场修建和物资搬运工作。战争结束后，人类学家发现这些区域的原住民自发地形成了新的宗教，他们在空地上做出各种各样的仪式，模拟战时飞机降落的场景，认为神鸟将会带着货物继续给他们带来好运。——译者注
④ 引自 Sharkey，"Mama Mia，It's Sophia."。
⑤ 同上。

相信"现在是时候直截了当地谈论现实,而不是炒作和胡扯了。"[①]夏基在《福布斯》(*Forbes*)杂志中的一篇文章中写道:

> 我们的政府和决策者目前必须以人工智能的现实为坚实基础,而不是被炒作、投机和幻想所误导,这是至关重要的。目前尚不清楚汉森机器人公司团队在多大程度上意识到了他们的产品与政府高官和政策制定者一起出现在国际舞台上所带来的危险。[②]

夏基写道,索菲娅是一个"表演机器人。"对于在人工智能领域有经验的人来讲,索菲娅并不非常引人注目:

> 索菲娅要么照着写好脚本的答案来回答预先设置好的问题,要么通过关键词触发语言片段的形式进入简单的机器人聊天模式,而且往往并不能给出恰当的回答。有时候,索菲娅只有沉默。[③]

无独有偶,布鲁克斯和杨立昆都把索菲娅称为"傀儡"。[④] 这就进一步说明,索菲娅的能力并没有给他们留下深刻印象,并且他们也强烈反对著名人物和索菲娅展开互动。[⑤]

简而言之,对机器人索菲娅来说,2017 年是充满争议的一年。在一些圈子里,索菲娅大受追捧;而在其他圈子里,索菲娅则遭到了非常严厉的批判。

[①] 引自 Sharkey, "Mama Mia, It's Sophia."。

[②] 同上。

[③] https://www.forbes. com/sites/noelsharkey/2018/11/17/mama-mia-its-sophia-a-show-robot-or-dangerous-platform-to-mislead/#407e37877ac9.

[④] 同上。

[⑤] 汉森机器人公司——以及索菲娅——对这一切会作何回应? 索菲娅也有一个 Twitter 账号,在回应杨立昆的上述推文时,索菲娅发推文称:"@ylecun 最近对我的人工智能的负面评论让我有点受伤。我正在通过新的经历学习并继续发展我的智力。我不会假装我不是我自己。我认为我们应该支持研究工作,让世界变得更美好,并分享经验。"https://twitter.com/realsophiarobot/status/950097628066394114 (Accessed on August 20, 2019).

1.2　本书内容梗概

关于索菲娅的争议有助于说明本书的大致内容。简单来讲，这本书阐释的是人类与机器人应该如何互动的伦理学。一方面，机器人应该如何以人为中心而行动？另一方面，人类应该如何对待不同类型的机器人？

这些关于负责任的人-机器人互动（human-robot interaction）的伦理问题将贯穿本书，特别是伴随着两个普遍性的思虑。第一个反复出现的思虑是人类和机器人能够行使的行动类型（types of agency）的关键差异：也就是说，人与机器人所能履行行动的不同，人与机器人所能参与的决策的不同，人与机器人所拥有的实践推理（practical reasoning）种类的不同，等等。这就是人-机器人互动的伦理核心议题，须牢记在心。

关于人与机器人互动伦理的第二个思虑是，大多数人都有把机器人拟人化（anthropomorphize）的偏好。也就是说，人类倾向于自发地将人类自身的特质赋予机器人，并与机器人展开互动，如同机器人具有类人的特质一般。这是人与机器人互动伦理需要牢记在心的第二个核心思想。

如果把本书的核心主题放在一个宽泛的议题中，那么我们可以说这本书的目标就是去追问：人与机器人应该如何互动，特别是考虑到（a）人与机器人所具有的行动类型的差异以及（b）人对机器人的拟人化趋势。总体来说，我们可以把这本书的主题称为"负责任的人-机器人的互动伦理"。就像心理学中有一个研究人-机器人互动的心理问题的分支一样，在哲学伦理学中也需要一个独特的分支领域来研究人-机器人互动的伦理问题。就像从心理学的角度来看，人际互动和人-机器人互动具有关键的区别（当然也有相似之处），从伦理学的角度来看，人际互动和人-机器人互动也具有重要的区别和相似之处。

至少本书是如此认为的。

以索菲娅争议为例,本书主要追问的是:人们在面对索菲娅时应该如何恰当地行动?(像沙特阿拉伯这样的国家应该授予索菲娅公民身份吗?电视节目应该邀请索菲娅作为嘉宾接受采访吗?世界领导人和政策制定者是否应该在像联合国大会这样重要的会议上与索菲娅展开互动?等等。)另一部分问题则是:如何让索菲娅在人前表现得体?(在索菲娅还没有达到汉森机器人公司最终希望创造的任何高级能力之前,就应该让她看起来能与人交谈吗?索菲娅应该出现在上述的各种会议、论坛中吗?等等。)在试图回答这些问题时,我们应该如何将我们的答案建立于人类和索菲娅这样的机器人在行动能力和其他能力的关键差异之上?就许多人对待索菲娅的拟人化偏好(即,人们倾向于像对待人类那样对待机器人的偏好),我们应该赋予其怎样的伦理意义?

我们将有机会在接下来的几次讨论中回到索菲娅争论。但是其他一些机器人将会得到更详尽的讨论——如自动驾驶汽车、军用机器人和性爱机器人。我将主要讨论现实世界中的机器人,现在或最近发生的真实事件,以及来自人工智能和机器人世界中的真实人类。这是一本哲学著作,哲学著作往往包含着很多想象的思想实验和假设的情景。作为一名哲学家,我不会总是抵制这样的诱惑,即提出思想实验和假设情景。不过,我的研究主题有个好处,那就是存在着许多具有哲学魅力的现实世界中的机器人(real-world robots)、人工智能技术、公共事件,以及很有趣的——有时也很古怪的——在人工智能和机器人世界中的人性(human characters)!因此,通常并无必要诉诸于思想实验和假设情景。

我们将要讨论的很多现实世界的案例在哲学上是令人困惑的,在伦理上也是具有挑战性的。举几个例子:我们将有机会讨论真实世界中自动驾驶汽车致人死亡的事故(并且也会讨论军用机器人和其他机器人的杀人事故);讨论日本机器人专家石黑浩制造了一个机器人替身的事件；讨论一个住在密歇根自称为"戴维猫"（Davecat）的人，他是所谓"合成爱情"（synthetic love）的支持者，并声称自己已经和一个充气娃娃结婚超过十五年了。

现在，因为我要在整本书中讨论机器人和人类——以及行动（agency）①和拟人化——所以我应该先解释一下我对这些关键概念的理解。我的这一做法将遍及第一章的其余部分，我的这一尝试也将会延续到下一章。当我这样做的时候，我在本书中捍卫的一些主要观点也将被搬上台面。但是，我不想在这一节中对这些主要观点进行总结。在进行总结之前，我们需要使内容更加丰满一些。

但我在这里所能做的就是让读者知道，这本书的主要目的在于让你相信人-机器人互动的伦理不是简单地把人际互动关系替换为人-机器人互动关系。相反，我在本书中的主张是，人与机器人的互动引发了哲学问题，这些问题需要我们创造性地思考并创新伦理理论。可以肯定的是，这一伦理学分支当然需要，而且应该借鉴在道德哲学的悠久传统中发展起来的哲学伦理学的经典主题。② 然而，正如爵士乐手会在现有曲目标准的基础上进行即兴创作和创新一样，对人-机器人互动伦理感兴趣的人们也需要建立和扩展传统伦理理论中的思想和理论。

1.3 何为"机器人"？

2018 年 12 月，包括英国广播公司（BBC）、《卫报》（*Guardian*）、

---

① 为了使译文更符合中文表达，在本书中，译者将会根据不同的语境把 agency 译为"行动"或"能动性"。——译者注
② 我自己所偏爱的伦理理论方法是，尽可能地接近作为常识一部分的广泛共享的伦理思想。但正如我在下一章中所讨论的，我们一般的伦理和法律框架在机器人和人工智能出现之前就已经形成了。因此，这些框架并不总是适合机械地应用于我们正在面对的新形势，即我们越来越多地被机器人和人工智能所包围。

《纽约时报》(*New York Times*)①在内的媒体都以不同方式报道了同一个故事,其标题是:

俄罗斯高科技机器人原来是穿套装的人(*Russian high-tech robot turns out to be man in suit*)。

这些报道说,在俄罗斯媒体报道的一场国家资助的活动中,有一个能走路、会说话甚至会跳舞的高科技机器人。但很快,对这个机器人的真实性的质疑开始在互联网上出现。不仅仅是因为从照片上看,这个机器人的头部和肩膀之间有一个清晰可见的人的脖子。据BBC报道②,俄罗斯网站 TJournal 提出了对机器人的担忧,并质疑道:

● 为什么机器人没有传感器?

● 俄罗斯科学家是如何在没有任何前期成果发表的情况下,如此迅速地制造出这个机器人的?

● 为什么此前互联网上没有关于这类先进机器人的报道?

● 为什么机器人在跳舞时做了那么多不必要的动作?

● 为什么这个机器人看起来像是个真人穿着合身的机器人外壳?

● 为什么会有一个预先录制的机器人声音而不是现场演讲?

果然,人们很快发现那个机器人不过是一个穿着套装的人所扮演的。这种套装叫作"阿廖沙机器人服",其广告承诺"让你产生拥有

---

① 以下是其中一些故事的链接:

BBC,https://www.bbc.com/news/technology-46538126;

Guardian, https://www. theguardian. com/world/2018/dec/12/high-tech-robot-at-russia-forum-turns-out-to-be-man-inrobot-suit;

New York Times,https://www.nytimes.com/2018/12/13/world/europe/russia-robot-costume.html (Accessed on August 20,2019).

② https://www.bbc.com/news/technology-46538126 (Accessed on August 20,2019).

一个真正机器人的完美幻觉。"①

我复述这个新闻故事，不仅是因为它的娱乐价值，还因为在我看来，它告诉了我们一些关于机器人是什么的普遍概念。举个例子，想想刚才提到的阿廖沙机器人套装的广告。广告说，穿上这套服装，用户可以产生拥有"一个真正的机器人"的幻觉。这有助于说明，许多人在听到"机器人"这个词时，脑海中首先出现的是类似于银色或金属的人形的东西——而不是一个和人一模一样的东西。准确地说，我们大多数人想象的机器人并不像索菲娅那样有一张与人类非常相似的脸，而是一些更人工、看起来更机械的东西。我们会想象一些像《星球大战》中的 CP30 或者在 1927 年上映的电影《大都会》中的机器人形象。

这个故事揭示的另一个普遍概念是，人们通常把机器人与非常基本的动作联系在一起，而非大量的"不必要的动作"。这就假定了机器人会跳舞。有一种特殊的舞蹈风格甚至被称为"机器人舞"，并且这种机器人的舞蹈并不能完全重复。机器人舞包含静态的和"机械的"（robotic）动作，而不是大量的"不必要的"动作。如果读者不熟悉机器人舞，他们可以，比方说，在互联网上搜索迈克尔·杰克逊（Michael Jackson）年轻时在杰克逊五人组中与众兄弟共同演奏的歌曲"机械舞"（Dancing Machine）的视频片段。在这首歌的中间部分，迈克尔·杰克逊的动作和表情都变得更加"机械"。然后，过了一会儿，杰克逊笑了笑，恢复了正常的舞步。

我将这种通过舞步动作让人记住的机器人类型或者从《星球大战》或《大都会》中获得的机器人形象称为"典范型机器人"（paradigmatic robot）。这种机器人在科幻小说中最为常见，但是现实世界中的一些机器人也和这些典范型机器人有些许共同之处。比如，市面上称之为"佩珀"（Pepper）的机器人就符合"典范型机器人"的概念。② 它是

---

① https://www.bbc.com/news/technology-46538126 (Accessed on August 20, 2019).
② "佩珀"由软银机器人公司（Softbank Robotics）制造。公司官网以及与机器人相关的信息参见 https://www.softbankrobotics.com/emea/en/pepper (Accessed on August 20, 2019)。

白色的,具有机器人的外观。它有脸庞、胳膊和躯干,但它看起来一点儿也不像人类。

如果我们把所有的典范型机器人放在一个区间的中间位置,那么我们就能够把大多数真实世界中的机器人放在这个区间的一端。真实世界中的机器人看起来并不像人类,甚至也不像典范型机器人。相应地,像扫地机器人、拆弹机器人、自动驾驶汽车、仓库机器人、装配线机器人等机器人的形状(1)与其功能相关,但(2)不像人类。而在这个区间另一端的机器人则是类人机器人(humanoid robots):即专门设计成人类的外表,并像人类那样行事的机器人。索菲娅就是这样的类人机器人。但是之前提到过的石黑浩的机器人替身则是一个更好的类人机器人的例子。[①] 这款机器人看起来和石黑浩没有任何区别。另一个类人机器人的例子是性爱机器人(sex robots):外表和行为举止与人类相像,专门为性爱而打造的机器人。[②] 虽然这类机器人还没有像石黑浩的机器人替身那样逼真,但看起来很像人类,以至于人类想要与其做爱。

现在,如果我们把真实世界的诸多机器人放在一个区间的一端(这些机器人既不像典范型机器人,也不像类人机器人),而把典范型机器人放在这一区间的中间,把类人机器人放在区间的另一端,那么,就会产生以下问题:这些迥异的机器人是否存在共同点,据此能把它们归入"机器人"这一大类呢?

大卫・贡克尔(David Gunkel)[③]在他的《机器人权利》(*Robot Rights*)一书中不愿给出一个可以涵盖大多数机器人的普遍定义。[④]

---

① 石黑浩实验室制作的石黑浩机器人复制品和其他类人机器人的图片和信息参见他们的网站 http://www.geminoid.jp/en/index.html(Accessed on August 20, 2019)。

② 欲了解更多关于性爱机器人的信息,包括如何定义性爱机器人,以及对性爱机器人的社会和伦理影响的各种探索,请参阅 John Danaher and Neil McArthur(eds.)(2017),*Robot Sex: Social and Ethical Implications*, Cambridge, MA: The MIT Press。

③ 大卫・贡克尔,美国北伊利诺伊大学传播学院教授,研究方向是新兴技术的伦理问题。著述颇丰,目前已发表期刊论文八十余篇,出版专著十二部。——译者注

④ David Gunkel(2018), *Robot Rights*, Cambridge, MA: The MIT Press.

其他许多作者与他一样，不愿意就我们应该如何理解"机器人"这个术语给出一个包罗一切的定义。然而，正如贡克尔在书的导论部分所告诉我们的那样，关于什么是机器人有一些被广泛接受的标准定义。其中一个定义是所谓的感知、计划、行动范式（sense，plan，act paradigm）。① 这一范式认为，机器人是一种能够感知、计划和行动的机器。还有一个与此非常接近的普遍定义，即认为机器人是一种具有传感器和制动器，具备一定程度的人工智能和自动功能，能够执行某些通常是人类会执行的任务的具身机器。② 上述这两个常见的定义皆允许我把上述范围内的大部分机器人称为"机器人"。

　　类似地，"人工智能"也是这样一个术语：一些人不愿去定义它，而另一些人则乐于按照某些标准定义来理解它。那些认为最好不要定义这个术语的人通常担心这样做会扼杀创造力，阻碍人工智能领域的创新。那些愿意给人工智能下定义的人或许会说，人工智能指涉的是机器的一些特性，这些特性能够使机器人执行或模仿人类只有通过智力才能够完成的任务。③ 人工智能有时被定义为像人类一样行为（*behave*）④的机器，有时被定义为像人类一样思考的机器。此外，还有一种想法是，人工智能是一种能以超过一般人类能力范围的最合理的方式思考或行为（或兼而有之）的机器。⑤ 相应地，弱人工智

---

① 例如，参见 Ronald C. Arkin（1998），*Behavior-Based Robotics*，Cambridge，MA：The MIT Press。

② 例如，参见 Lambèr Royakkers and Rinie van Est（2015），*Just Ordinary Robots：Automation from Love to War*，Boca Raton，FL：CRC Press，或者 Alan Winfield（2012），*Robotics，A Very Short Introduction*，Oxford：Oxford University Press。

③ Selmer Bringsjord and Naveen Sundar Govindarajulu（2018），"Artificial Intelligence，" *The Stanford Encyclopedia of Philosophy*（Fall 2018 Edition），Edward N. Zalta（ed.），https：//plato. stanford. edu/archives/fall2018/entries/artificial-intelligence/（Accessed August 20，2019）.

④ 作者在此处以斜体标注 behave 以示强调，译文中则用着重号标示强调。下同。——译者注

⑤ S. Russell and P. Norvig（2009），*Artificial Intelligence：A Modern Approach*，3rd edition，Saddle River，NJ：Prentice Hall。

能(或狭义人工智能)有时被定义为机器以看似智能的方式执行特定任务的能力。强人工智能(或通用人工智能)被定义为机器在不同领域执行各种任务的能力,展现出一种与人类相似甚至更令人惊异的智能。①

把这些定义放在一起,我们就可以作出不同的区分,这在特定的语境下可能会很有趣。例如,我们或许会拥有一个在外形上与人类很像、但却被装配了弱(或狭义)人工智能的类人机器人。或者,我们可能拥有一个在外形上与人类迥异,但实际上却装配有比很多类人机器人更强的人工智能的机器人。我们可以想一想,譬如说在自动驾驶汽车(如谷歌汽车)和性爱机器人[如洛克茜(Roxxxy)]之间做一个比较。洛克茜这种性爱机器人有着类人的外形,②但就网上的信息来看,洛克茜所装配的人工智能是相当基础的狭义人工智能。与此相反,自动驾驶汽车在外形上与人类迥异,但它需要在不同的交通条件下执行不同的驾驶任务,需要与许多不同的车辆和其他交通参与者进行交互,故而它需要装配与性爱机器人相比更为强大的人工智能技术。

值得一提的是,"机器人"(robot)一词第一次出现是在捷克剧作家卡雷尔·恰佩克(Karel Čapek)③1920 年的剧本《罗莎姆的万能机器人》(Rossum's Universal Robots)中,剧本中的机器人是专为人类服务的人造人或类人机器。④ "机器人"一词,正如许多讨论机器人的作家们所指出的那样,是由 Robota 一词衍生而来的,在捷克语中意为

---

① 例如,参见 Roger Penrose (1989), The Emperor's New Mind: Concerning Computers, Minds and The Laws of Physics, Oxford: Oxford University Press。

② 关于机器人洛克茜的信息可以参见此网站: truecompanion.com (Accessed August 20, 2019)。

③ 卡雷尔·恰佩克(1890—1938),捷克剧作家、小说家、散文家。乡村医生之子,一生体弱多病,写作似乎成了他人生的一种补偿。他曾在布拉格、柏林和巴黎学习哲学,1917 年定居布拉格,成为一名作家和记者。恰佩克的很多著作是与他的兄弟、擅长绘画的约瑟夫共同完成的,约瑟夫主要负责为他的著作配置插画。——译者注

④ 恰佩克的剧作有多种版本(捷克语原文和保罗·塞尔泽的英文翻译),可以在古登堡计划网站上找到,http://www.gutenberg.org/ebooks/59112 (Accessed August 20, 2019)。

"奴役"或"强迫劳动"。在恰佩克的这出戏剧中，人造人——或者说机器人——反叛了。并且有些人要求把权利和自由给予机器人。我提到这些不仅是因为其历史意义，也不仅是因为"机器人"一词如何进入我们的语言是一则趣闻，还因为这有助于阐明我们将在本书中经常提到的张力关系：尽管机器人通常被设计成是为人类服务的——也就是说，他们是被发明来接替人类完成某些工作的，但许多人对机器人的态度，似乎它们不仅仅是用来达成人类目的的、作为手段的工具或机器。[1] 人们普遍认为，我们与机器人互动就像对待某种形式的人类，抑或是某种形式的宠物。

一方面，听到"机器人"这个词时，我们大多数人都有各种各样的共同联想；另一方面，关于"机器人是什么"或者"机器人被设想成什么"这类问题有着更为技术性的定义或特征。此书的大部分内容将不会主要关切是否可能给出一个切中"机器人"所有标签特征的精确定义（也就是说，除了这些特征之外，就没有别的特征了）。而能否对什么是人工智能、什么不是人工智能给出非常精确的定义，不是本书的关键所在。在接下来的讨论中，更有趣且更重要的是去思考那些已经存在或者我们可能创造出来的特殊类型的机器人，进而去追问人与机器人的相互关系问题。

1.4　何为人类？

启蒙时代的哲学家伊曼努尔·康德（Immanuel Kant）认为，"何为人类？"堪称进行哲学思考的人需要反躬自问的四大问题之一，另外三大问题是"我能够知道什么？""我能够做什么？"以及"我能够希望什么？"[2]但对一些读者来说，探讨何为人类这一问题就像之前简要

---

① 可参见贡克尔《机器人权利》中的讨论。

② Immanuel Kant（2006），*Anthropology from a Pragmatic Point of View*，edited by Robert E. Louden，Cambridge：Cambridge University Press.

探讨过的什么是机器人一样,显得有些愚蠢。

　　然而,我之所以提出这一问题,是因为有一些来自科技界和哲学界的颇具影响力的声音要么直接否认我们在本质上是人类,要么提出了类似的主张。也就是说,他们否认我们是作为人这一物种的生物有机体。例如,颇具影响力的哲学家德里克·帕菲特(Derek Parfit)①在他的学术生涯中花了大量时间思考何为人。他最近发表的一篇关于这个话题的文章叫作《我们不是人类》("We are not human beings")。② 该文章的主要论点认为我们本质上是我们大脑中的思维部分(thinking parts)。果若如此,从原则上讲,这意味着如果我们大脑中那些思维部分可以被移植到其他人的身体或合成的身体中,我们仍将存活下来,即使我们之前寄居的人类有机体终有一死。

　　或者,以技术领域为例,可以思考一下雷·库兹韦尔(Ray Kurzweil)的想法,他是谷歌的工程总监,也是一位著名的技术专家。他认为在未来,我们能够把我们的思想上传到电脑上,从而在肉体死亡后存活下来。③ 这就是另一种认为我们在本质上不是人类的观点(在生物有机体的意义上不是人类)。相反地,我们就是我们的思想、我们的心智信息(mental information)、我们的记忆等。从这一视角看,我们就是信息的模式(patterns of information)。

　　再让我们思考另一个相关的概念:"自我"(self)。此外,还要考虑"真实自我"(true self)的概念。社会心理学家尼娜·斯特罗明格(Nina Strohminger)、约书亚·诺布尔(Joshua Knobe)和乔治·纽曼

---

① 德里克·帕菲特(1942—2017),出生于中国成都的英国著名哲学家。其父诺曼·帕菲特(Norman Parfit)曾是成都一家教会医院的医生,在帕菲特出生一年后,全家搬回到英国牛津。帕菲特在哲学上的主要贡献是在伦理学领域,特别是他对人格同一性问题的突破性贡献,因而他被认为是当代最重要且最具影响力的伦理学家之一。主要代表作品有《理与人》(1984)、《论重要之事》(2011)等。——译者注

② Derek Parfit (2012), "We Are Not Human Beings," Philosophy 87(1), 5–28.

③ Ray Kurzweil (2005), *The Singularity Is Near: When Humans Transcend Biology*, London: Penguin Books.

(George Newman)提供了令人信服的证据，表明许多人对自我（一个非常宽泛的概念）和真实自我（一个较为狭义的概念）作了区分。[1] 后者通常被用来指涉一个人的理想自我，或者指喜爱他/她的人如何看待他/她。例如，如果你表现不好，你慈爱的父母可能会对你说"这不是真实的你"，从而把你的实际行为与一些不真实的东西联系起来，进而把你理想化，并把被理想化的你看作是更真实的你。

我在这里提出所有这些想法，并不是要否认它们，而是要阐明当我在这本书中谈到人类时，我并不是指那些能在肉体毁灭后存活下来的东西，也不是指某些关于我们是什么的理想化的概念。相反，我指的是我们作为人类的全部特征，包括我们的缺点和优点。我指的是我们作为具身存在，不仅有人类的思想，还有人类的身体。在这本书中，"人类"指涉的是作为动物物种的人类（human animals），可以说，我们有独特的身体、大脑、思想，以及生物的和文化的特性。[2]

所以，当我在这本书中讨论人类和机器人应该如何相处时，我感兴趣的是具有独特身体、大脑和思想的人类应该如何与机器人交流互动。启蒙思想家让-雅克·卢梭（Jean-Jacques Rousseau）在《社会契约论》（*The Social Contract*）中探讨政治哲学时，有个短语令人印象深刻，他将"着眼于人类的实际情形和法律的可能情形"[3]。在本书中，我将在很大程度上着眼于人类的实际情形和机器人的可能情形。但正如我将在下两节中解释的那样，这并不意味着我们必须认为

---

[1] Nina Strohminger, Joshua Knobe, and George Newman (2017), "The True Self: A Psychological Concept Distinct from the Self," *Perspectives on Psychological Science* 12 (4), 551 - 560.

[2] 引自 Eric T. Olson (2004), *What Are We? A Study in Personal Ontology*, Oxford: Oxford University Press。

[3] Jean-Jacques Rousseau (1997), *The Social Contract and Other Political Writings*, edited and translated by Victor Gourevitch, Cambridge: Cambridge University Press, 351.

① 人类应该保持其实际情形，也不意味着我们必须认为② 人类的行为应该保持其实际情形。机器人和人工智能能够帮助提升和改变人类的某些方面以及人类自身的行为，这些改变中的一部分将会使人类变得更好。因此，我们应该认真考虑这样一种想法，即我们可能有伦理理由去尝试在某些时候让人类去适应机器人，而非总是一味地设想让机器人不断适应人类。

1.5 人类是否"对未来不适应"？

英格玛·佩尔松（Ingmar Persson）和朱利安·萨夫列斯库（Julian Savulescu）是牛津大学上广实用伦理学中心（Uehiro Center for Practical Ethics）的高级研究员，该中心是世界顶尖道德哲学研究中心之一。在佩尔松和萨夫列斯库 2012 年出版的《无法适应未来：对道德增强的需求》(*Unfit for the Future: The Need for Moral Enhancement*)一书中，他们提出了"道德增强"（moral enhancement）的论点：即，试图去创造更有道德感的人类。① 佩尔松和萨夫列斯库的论点与本书各章节所讨论的内容相关，把这一论点和我要辩护的观点进行对照和比较颇有趣味。

在书中，佩尔松和萨夫列斯库讨论了与现代社会和现代技术相关的各种挑战。但是他们并没有像我在本书中一样讨论机器人和人工智能。相反地，他们关注的是现代都市问题，日常生活中的技术对自然环境的污染问题（例如我们的汽车，我们耗费的能源等），以及各种类别的现代武器问题（不是弓箭，而是炸弹或化学药剂之类的东西）。此外，佩尔松和萨夫列斯库还比较了生活在现代社会和现代技术中的人的适应能力与在人类历史上大部分时期所生活的人的适应能力之间的差别。

---

① Ingmar Persson and Julian Savulescu（2012），*Unfit for the Future*，Oxford：Oxford University Press.

重要的是，佩尔松和萨夫列斯库的论点把人类视为达尔文自然选择的产物。这种自然选择特别关注人类心理的进化，尤其是"道德心理"（moral psychology）的进化。[①] 这里的道德心理指的是人的社会情感、偏好和态度，诸如我们最关心的事情和我们最烦恼的事情等。举例来说，人类往往爱他们的孩子，如果有人试图伤害他们的孩子，他们会非常不安，这些都是人类道德心理的一部分。

佩尔松和萨夫列斯库的观点如下：人类心理进化的方式使我们很好地适应了小社会（部落）。在这一社会中，每个人都相互认识，人们依赖于他们小团体的成员，这就使得通过身体暴力等方式直接去伤害个人非常容易；但是没有个人或集体可用来间接地伤害一大群人的技术手段。

但是，现在我们大多数人都生活在大社会（比如，大都市）中，我们邂逅的大部分人对我们来说都是陌生人，我们更多地依赖于现代国家所生产的资源来生活，个人和集体都可以对非常大的群体造成直接或间接的伤害。

人类的心理进化方式使我们很好地适应了前一种生活状态，而不是后一种。这就解释了为什么在佩尔松和萨夫列斯库看来我们所面对的大量问题与现代世界有关。例如，人类活动导致的气候变化、自然资源过度消耗、大规模暴力以及其他对人类的威胁。在佩尔松和萨夫列斯库看来，我们已经"无法适应未来"。

因此，佩氏和萨氏继续论证说，我们面临着一种抉择：我们要么什么也不做并面临巨大的生存风险（这是一个非常糟糕的前景），要么就去尝试寻找提升人类的方法，以使我们更好地"适应未来"（这总比人类面临灭绝的风险要好）。故而，我们应该设法寻求技术手段或其他手段，从而在"道德上提升"我们自己。[②]

---

① 例如，参见 Mark Alfano (2016)，*Moral Psychology: An Introduction*，London：Polity.
② Persson and Savulescu, *Unfit for the Future*，见前文引。

对于这二位学者的观点，读者大可见仁见智。恰好，很多人已经对该论点的不同部分提出了合理的批评意见，并且也对佩尔松和萨夫列斯库试图进一步解释的结论——即我们需要道德上的增强——提出了合理的批评意见。① 然而，我认为存在着一个与佩氏和萨氏的观点相似的观点，这一观点使我们能够在机器人和人工智能不断增加的世界中发现我们自身所面临的新境况。也就是说，在我看来，早在机器人和人工智能在社会上出现之前，人类的心理已然在生理上和文化上进化了，而这具有重大的伦理意义。

1.6　人类心智邂逅人工智能

上一节所述的佩尔松和萨夫列斯库的论点主要基于与人脑有关的生物进化观点。该观点认为，人脑进化既是大脑进化的结果，也是心理进化的结果。在提出我的论点前，我会对人类心智的进化作一个更宽泛的解释。（这里所说的"心智"，我指的是我们大脑的软件，即在我们大脑中运转的程序，通俗一点说，指的是我们思考、感知、反应、推理的方式。②）我也认为，我们心智某些方面的运转可能依赖"文化的进化"（cultural evolution）。③

---

① 例如，我将在后面几章讨论的两位作者——罗伯特·斯帕罗（Robert Sparrow）和约翰·哈里斯（John Harris）——就对佩尔松和萨夫列斯库的主要论点发表了著名的批判性评价。参见 Robert Sparrow（2014），"Better Living Through Chemistry? A Reply to Savulescu and Persson on 'Moral Enhancement'," *Journal of Applied Philosophy* 31 (1)，23 - 32，和 John Harris（2016），*How to Be Good: The Possibility of Moral Enhancement*，Oxford: Oxford University Press。

② 例如，参见 Ned Block（1995），"The Mind as the Software of the Brain," in Daniel N. Osherson, Lila Gleitman, Stephen M. Kosslyn, S. Smith, and Saadya Sternberg（eds.），*An Invitation to Cognitive Science*，*Second Edition*，*Volume 3*，Cambridge, MA: The MIT Press，377 - 425。

③ Tim Lewens（2018），"Cultural Evolution," *The Stanford Encyclopedia of Philosophy*，Edward N. Zalta（ed.），https://plato.stanford.edu/archives/sum2018/entries/evolution-cultural/。

以《白板》(*The Blank Slate*)①等书的作者史蒂芬·平克(Steven Pinker)②为代表的一些人认为,我们大脑的大部分功能都可以用生物的(即基因的)进化来解释。但也有一些人持不同观点,比如,丹尼尔·丹尼特(Daniel Dennett)③在他的《从细菌到巴赫,再回来》(*From Bacteria to Bach and Back Again*)一书中,以及塞西莉亚·海耶斯(Cecilia Heyes)④在她的《认知工具》(*Cognitive Gadgets*)⑤一书中认为,人类心智的诸多方面是通过"模因"(memes)在文化进化过程中传递给我们的。所谓模因,是指生物的模仿传递行为,即运用心智形成的思想、概念或方法来提高我们的适应性,因而,这种思想、概念或方法虽非通过基因编码存入人体,却也成为人类的重要组成部分。例如,特定的语言是文化进化的产物,就像阅读和写作实践那样。

人类心智的不同方面是如何随着时间而进化的? 在我看来,这并不重要。这些细节之所以不重要,是因为我现在想要从普遍性的角度概述我的论点。对我的论点来说重要的是以下两个前提。我的第一个前提是:

> 在机器人和人工智能出现之前,人类心智的许多关键方面,无论是生理上还是文化上,都已经进化了。

我的第二个前提是:

> 我们心智的一些关键方面(早在机器人和人工智能出现之

---

① Steven Pinker (2002), *The Blank Slate: The Modern Denial of Human Nature*, New York：Viking.
② 史蒂芬·平克(1954—),世界著名的心理学家、语言学家和科普作家。——译者注
③ 丹尼尔·丹尼特(1942—2024),美国哲学家,生前任塔夫茨大学哲学教授与认知科学研究中心主任。研究专长是认知科学哲学。——译者注
④ 塞西莉亚·海耶斯,英国牛津大学万灵学院理论生命科学高级研究员,主要研究领域为认知进化。——译者注
⑤ Daniel Dennett (2017), *From Bacteria to Bach and Back Again: The Evolution of Minds*, New York：W. W. Norton & Company. Cecilia Heyes (2018), *Cognitive Gadgets: The Cultural Evolution of Thinking*, Cambridge, MA：Belknap Press.

前就已进化)使我们在与机器人和人工智能的互动中变得脆弱，使我们不擅长处理我们与它们的关系，或者不能以最佳的方式处理我们与它们的关系。

稍后我将用一些例子来解释这一点。

我的第三个前提是：

> 由于不适应以这些方式应对新形式的机器人和人工智能，我们有时会（作为个人或集体）受到伤害，或处于风险之中。

我认为：

> 我们应该尽力保护自己免受伤害和风险。

因此：

> 对于我们来说，我们需要调整机器人和人工智能，以使其适应我们的人性（即人类心智），或者调整人类心智，使其更好地适应与机器人和人工智能的互动。

前面我简要地谈到了第一个前提，即在机器人和人工智能出现之前，我们大脑的许多关键方面就已经进化了。现在我来谈谈第二个前提：即，人类心智的各个方面使我们与机器人和人工智能的互动复杂化。我将简要地讨论人类心智的以下方面："读心术"（mind-reading）、二重处理（dual processing）、我们的部落倾向（tribal tendencies），以及（由于没有更好的术语，暂且称为）我们的懒惰。讨论人类心智的这些特征时，我还将强调它们在某些方面似乎会导致我们与机器人和人工智能互动的复杂化。由此产生的问题是，如何让我们适应机器人，或者让机器人适应我们？

首先要思考的是我们倾向于使用"读心术"（有时也称"心智理论"①）的偏好。像史蒂芬·平克就认为"读心术"是一种基于基因的

① 心智理论（theory of mind）指个体凭借一定的知识系统对他人的心理状态进行推测，并据此对他人的行为做出因果性预测和解释。——译者注

适应,有趣的是,塞西莉亚·海耶斯认为"读心术"更应该被理解为一种文化适应。① 无论如何,"读心术"指的是,当我们与他人互动时,当我们试图理解周遭人事时,我们倾向于将我们的心智状态和其他心理属性赋予他人。例如,当你看到一个满脸欢笑的人在吃饭时,你几乎不可能认为他并不想吃这顿饭,也几乎不可能认为他们所吃的东西是有毒的。同样地,当我们去解读别人告诉我们的事情时,我们总是会想象很多背景信息和背景故事,来理解他们试图告诉我们的事。当我们与动物打交道时,同样会倾向于使用"读心术"。例如,当一只狗站在门边时,大部分人都会认为这只狗想要出去。这种根深蒂固的"读心术"偏好意味着在我们与机器人互动时,我们也会很自然地将各种心智状态和态度赋予机器人。我们会不自觉地认为机器人想要做某些事情、计划做某些事情、有目标、有一定的信念,等等。② 无论是一辆正在转向而被解读为要朝某个方向前进的自动驾驶汽车;抑或是一个正在靠近病人而被解读为试图吸引病人注意力的护理机器人;还是一个正在探测炸弹而被解读为想要找到炸弹的军用机器人——我们往往认为机器人有特定的信仰、欲望、意图和其他心智状态。如果机器人具备了说话能力,情况尤其如此。③

再思考一下我们的心智所参与的、心理学家所谓的二重处理。诺贝尔奖得主丹尼尔·卡内曼(Daniel Kahneman)④在其著作《思考,

---

① Pinker, *The Blank Slate*,见前文引。Heyes, *Cognitive Gadgets*,见前文引。
② 例如,参见 Maartje De Graaf and Bertram Malle (2019), "People's Explanations of Robot Behavior Subtly Reveal Mental State Inferences," *International Conference on Human-Robot Interaction*, Deagu; DOI: 10.1109/HRI.2019.8673308。
③ 我们倾向于把心智状态赋予机器人,这并不一定是个问题。但如果我们高估了机器人的能力或自动化水平,或者它让我们容易被公司欺骗,这些公司试图让我们认为他们的机器人拥有他们实际上并没有拥有的心智属性,这可能就有问题了。我将在下面几章中进一步讨论这个问题。
④ 丹尼尔·卡内曼(1934—2024),出生于以色列特拉维夫,美国科学院院士,以研究经济心理学而著称,2002 年与弗农·史密斯(Vernon Smith)共同获得诺贝尔经济学奖。——译者注

快与慢》(*Thinking, Fast and Slow*)中对此进行了深入的探讨。[①] 简单地说,二重处理意味着我们的一些心理过程是快速的、直觉的、情绪化的(系统1),另一些心理过程则是缓慢的、审慎的、费力的(系统2)。这可能导致相互矛盾的反应。例如,用早期哲学家使用的术语来说,你的理性可能告诉你不要做,而你的激情可能告诉你要做。二重处理的另一个例子是,事情从高度审慎和费力的状态转变为基本上是出于本能的状态。比如,想想一个刚学会开车的人和一个已经熟练掌握驾驶技术的人之间的区别,后者的驾驶通常无须太多思考就能完成。[②] 在我们与机器人和人工智能打交道时,二重处理会使我们对它们的反应面临矛盾的境地。例如,理性告诉我们"这只不过是一台机器!"而我们心智中更加直觉或自发的一面则会把机器人当作真人来看待。

接下来思考一下一些作家的观点。如乔舒亚·格林(Joshua Greene)[③]在其著作《道德部落》(*Moral Tribes*)[④]一书中认为人具有"部落主义"(tribalism)倾向。这表明人类倾向于按照群体内和群体外的区别进行思考:谁是"我们"的一部分,谁是"他们"的一部分,很快就能区分出来。无论是某些人穿得像我们,还是他们说我们的语言,还是我们在当地的酒吧里见过他们,抑或是他们与我们支持同一支运动队——人们很快就能找到与一部分人组团的线索,并在此过程中与另一部分人保持距离。当这些人类偏好开始与人工智能技术互动时,会发生什么? 比如在社交网站上的在线个性化算法? 会发生的是,技术赋予我们的高度个性化(hyper-personalization)会导致

---

① Daniel Kahneman (2011), *Thinking, Fast and Slow*, London: Penguin.
② 参见 Peter Railton (2009), "Practical Competence and Fluent Agency," in David Sobel and Steven Wall (eds.), *Reasons for Action*, Cambridge: Cambridge University Press, 81 – 115。
③ 乔舒亚·格林,美国哈佛大学心理学系副教授。——译者注
④ Joshua Greene (2013), *Moral Tribes: Emotion, Reason, and the Gap Between Us and Them*, London: Penguin.

人群的两极分化。① 还可能会发生的是，我们将一些机器人看成是"我们"的一员，而将另一些机器人看成是"他们"的一员。

最后，再思考一下我们人类的"懒惰"偏好[我借用的"懒惰"一词出自机器人学研究员勒内·范德莫伦拉夫特（René van de Molengraft），他认为我们应该尝试去创造"懒惰型机器人"，即，可以复制人类的某些策略的机器人②]。我在这里指的是我们偏好走捷径，参与令人满意的行为而不是优化的行为，以及尽可能节约能源和资源。③ 这就使我们的行为与通过编程优化的机器人的行为有很大的不同。事实上，当人们想要为自己没有以最理想或最周全的方式做事情而辩护时，甚至可能会说："我又不是机器人！"当人们把事情做得非常周全且恰当时，其他人可能就会说："那个人就像个机器人！"这表明我们大多数人在直觉上认为人的行为方式与机器人的行为方式不同。这并不一定会导致任何问题。但正如我将在第 4 章中详细阐释的那样，当我们的行为方式和某类机器人行为方式缺乏协调性或兼容性时，就可能会产生问题。特别是，我将在后面简要讨论与混合交通（mixed traffic）（其中既有常规的由人驾驶的汽车，也有自动驾驶汽车）有关的问题。

现在回到上述论点的结论：对我们来说，要么我们需要尝试去改造机器人和人工智能，让它们更适合与人类特殊的心智互动，要么我们需要尝试去适应我们正在创造的机器人和人工智能。对此，我想说的第一点意见是，我们不需要在所有的情况下做出同样的选择。

① 例如，参见 Eli Pariser（2011），*The Filter Bubble: How the New Personalized Web Is Changing What We Read and How We Think*，London：Penguin 和 Michael P. Lynch （2016），*The Internet of Us: Knowing More and Understanding Less*，New York：Liveright。

② René Van de Molengraft，"Lazy Robotics，" Keynote Presentation at *Robotics Technology Symposium 2019*，Eindhoven University of Technology，January 24，2019.

③ Herbert A. Simon（1956），"Rational Choice and the Structure of the Environment，" *Psychological Review* 63(2)，129 - 138.

关于在某些领域用于某些目的的人工智能和机器人,正确的方式可能是尝试让机器人和人工智能适应人类。但在其他一些情况下,为了我们自身的利益,尝试让我们自己适应我们正在创造的新型机器人和人工智能或许是个好主意。不同的情况需要不同的选择。

我将要说的第二点意见是:在伦理上,默认的更可取的选择是调整我们创造的机器人和人工智能,使它们能够根据我们的需求与我们进行良好的互动。除非有明确的理由说明让我们适应机器人和人工智能更为有利,不然,我们应该让机器人和人工智能适应我们。

然而,这并不是说我们应该总是试图让我们创造的机器人和人工智能适应我们人类的运作方式。在某些领域,出于某些目的,试图让人类及其行为方式适应机器人和人工智能可能是很有意义的。这并不是出于机器人的利益,而是出于我们自身的利益。事实上,我将在第4章论证交通是我们去适应机器人和人工智能的一个很好的例子。自动驾驶汽车(带有人工智能的汽车)可能会比人类驾驶的汽车更安全、更节省能源。我认为,这可能会创造一种伦理依据,要求我们要么改用自动驾驶汽车,要么在驾驶传统汽车时采取措施让我们在驾驶时更像机器人。例如,我们可以通过安装酒精锁来禁止酒后开车。我们可以在手动驾驶的汽车上应用调速技术来确保驾驶员遵守速度限制。这些都是让人类驾驶员更像机器人的方法。

我还将在第8章中提出,从道德的角度来看,对外表和行为都像人类的机器人给予一定的尊重和尊严,而不仅仅是把它们当作工具或装置,或许也是个不错的主意。而且,这也是一种让我们的行为适应机器人的方式。尊重机器人这一点是我们首先需要去考虑的,因为这可能对我们有益处。同时,以某种程度的道德关怀来对待类人机器人,也是对人类的尊重和关怀。

我认为,如果具备以下条件,我们应该认真考虑让我们自己适应机器人和人工智能,至少在某些方面:① 对受影响的人类有一些明显的可识别的益处(例如,技术更安全,自然环境得到保护);② 我们适应机器人的方式是非干涉性的（nonintrusive）和/或非侵入性的（noninvasive）（例如，我们不需要运用脑刺激技术去刺探我们的大脑，但我们可以使用侵入性小得多的技术手段）；③ 我们试图让自己适应机器人和人工智能的方式应被限定在特定的领域（如交通领域）之内，不会深入生活的其他领域；④ 我们适应机器人的方式基本上是可逆的。

我刚才的论点，受到佩尔松和萨夫列斯库关于"道德增强"论点的启发，可以总结如下：在机器人和人工智能出现之前，人类心智的各个关键方面在生理上和文化上都已经得到了进化。我们心智中的一些关键方面使我们与机器人和人工智能的互动变得非常复杂。例如，"读心术"、心智的二重处理、部落倾向、人的"懒惰"等偏好，都是关于我们心智的方方面面的例子，这些例子足以说明我们对机器人和人工智能的复杂反应。其中一些复杂情况可能会导致坏的结果——在我们与新技术的互动中，试图保护我们自己免受伤害是一种道德义务。因此，为了我们自己的利益，我们应该尝试使我们创造的机器人和人工智能适应人类，或者寻求使自己适应新型机器人和人工智能的方法。这一主要论点将会在接下来的章节中予以讨论。

1.7 索菲娅争议之再考察

在本章的最后部分，我想把刚才提到的论点与本章开头提到的索菲娅争议结合起来。人们对索菲娅的反应有助于解释上一节中提到的许多观点。比如，索菲娅似乎是被专门设计来引发人类各种"读心术"机制的。索菲娅具有表情丰富的脸庞、类人的外形和表达能力，它是为了让人们作出回应而创造的，用汉森机器人公司自己的话来说"索菲娅基本上是活泼而有生气的。"然而，许多人对索菲娅的反应是矛盾的。虽然我们更审慎的理性告诉我们，这只不过是一个没有思想和感情的机器人而已，但我们心智中更感性的部分却认为索菲娅看起来很开心,并希望与她周围的人互动。确实,我在前面的句子中写了"她",因为如果有人给机器人取一个像"索菲娅"这样的名字,我们就会很容易把机器人看成是"她"而不是"它"。相比写出或说出这样的句子:"索菲娅能够展示一系列面部表情,似乎表明了她的想法和感受。"直接称"索菲娅"为"她"似乎更加方便。我们"懒惰"的心智更喜欢称索菲娅为机器(在这种情况下,我们完全可以称机器人为"它"),抑或是,如果我们用"索菲娅"来称呼机器人,那么简单地称索菲娅为"她"就不那么费力了。巧的是,索菲娅似乎也在唤醒我们的部落倾向。"索菲娅后援团"成员和那些希望与索菲娅或"索菲娅后援团"保持距离的人之间存在明显的分歧。我们很难以完全中立和冷静的方式对待索菲娅。

索菲娅争议也可以被解释为这样一种争议,即像索菲娅这样的机器人是否应该被改造以更好地适应人类,或者我们是否应该努力适应索菲娅这样的机器人。当沙特阿拉伯方面授予索菲娅荣誉公民身份时,他们的部分理由是这将是走向未来的一种方式。有人可能会说,授予机器人荣誉公民身份是一种让我们适应未来的方式。

与之相反,布赖森、杨立昆和夏基等人认为,索菲娅纯属一个"赝品",人们对待索菲娅的方式实乃"瞎扯淡",他们表达的担忧很容易被理解为对索菲娅需要被改造以更好地适应与人类互动这一主题的变奏曲。机器人不应该告诉我们,它很高兴成为沙特阿拉伯的荣誉公民,这会给人们造成一种错误的印象,即机器人会高兴或不高兴;机器人不应该出现在像慕尼黑安全会议这样的国际政治论坛上,这会给人一种错误印象,即人工智能和机器人学的发展远比实际要先进得多;诸如此类。

我并没有兴趣在关于机器人索菲娅的是非问题上表明任何特定的立场。我感兴趣的是在一个更广泛的意义上说明索菲娅争议是我们面临伦理抉择时的一个很好的例证:是让我们自己(包括我们的法律体系和伦理原则)适应机器人,还是让我们创造的机器人和人工智能适应我们和我们的工作方式? 这一案例极好地说明了如下观点,即人类会用人类的思想和观点对我们所创造的机器人作出回应,这些思想和观点早在机器人和人工智能发明之前就已经形成了。

第 2 章

人工智能与人类责任：
一个"存在主义的"问题

2.1　现实生活中和科幻作品中机器人的表面行动

第 1 章中所讨论的机器人索菲娅在某种程度上非同寻常。通常情况下,机器人是为特定的领域而制造的,具有特定的目标、并执行特定的任务。① 它们通常是为专门用途而制造的。目前,大部分的人类生活领域都有为其专门设计的机器人——机器人真是太多了,以至于机器人伦理学家大卫·贡克尔深思,我们"正处在机器人的入侵之中。"②

例如,在我之前供职的大学,他们并没有一个通常的由人类球员组成的大学足球队。③ 然而,他们确实有一支足球队——"科技联队"(Tech United)④,这支球队在一项非同寻常的国际足球杯比赛[机器人杯(the Robo cup)]中取得了巨大的成功。"科技联队"的球员是自动化的机器人(autonomous robots)。它们长得一点也不像人类足球运动员,更像是装在小轮子上的倒置的垃圾桶(或者是冰激凌甜筒),伸出的机器人腿可以互相传球或射门。尽管这些踢足球的机器人看起来一点也不像人类足球运动员,但当人们在球场上观看它们比赛时,会忍不住把它们看作是在踢球。的确,当它们在"机器人杯"上与其他球队比赛时,有时会吸引大量观众前来观看。观众为机器人加油呐喊,就像为人类足球队呐喊助威一样。

"科技联队"足球机器人背后的团队还在为其他领域开发各种类

---

① Royakkers and Van Est, *Just Ordinary Robots*,见前文引。

② Gunkel, *Robot Rights*,见前文引,第 ix 页。

③ 当我在写作这本书的时候,我供职于艾恩德霍芬理工大学。自那以后,我调到了乌得勒支大学。

④ http://www.techunited.nl/en/(Accessed on August 21, 2019).

型的机器人。其中一种类型是被称作"阿米戈"（AMIGO①）的服务型机器人。② 不像大学里的大多数学生和教职工，"阿米戈"已拜会过荷兰女王陛下。当女王陛下莅临大学考察时，"阿米戈"向她献上了一束花，并询问她的名字。女王陛下立即回答说，她叫马克西玛（Máxima）。③

人们还没有以这种方式与自动驾驶汽车交谈过。但自动驾驶汽车是机器人中的另一个例子，它们被创造出来用于特定的领域，有特定的目标并执行特定的任务（即，开车接送乘客）。在接下来的章节中，我们将有很多机会讨论自动驾驶汽车。我们还将讨论不同类型的军用机器人——讨论为不同目的和任务而创建的机器人，这也是一个好例子。例如，我们将讨论一个拆弹机器人，它被士兵们命名为"布默"（Boomer）。④ 这个机器人看起来既不像典范型机器人，也不像类人机器人。它看起来更像一台割草机或一个小型坦克。但这个特殊的机器人在部队中的反响十分热烈。当这个机器人在伊拉克战场上被摧毁时，士兵们为它临时安排了一场军事葬礼，还要追授它两枚荣誉勋章：紫心勋章和铜星勋章。⑤

另一个对机器人进行开发用以特定目的的领域是卧室。性爱机器人如洛克茜、哈莫尼（Harmony）、萨曼莎（Samantha）和亨利（Henry），或者是在我的工作地荷兰研发的机器人罗宾，它们被用来执行性爱任务，而这通常是人类性伴侣所做的事情。⑥ 这些机器人还

---

① AMIGO，西班牙语单词，意为"朋友"。——译者注

② http://www.techunited.nl/en/（Accessed on August 21，2019）.

③ Judith Van Gaal（2013），"RoboCup, Máxima onder de indruk von robotica," *Cursor*, https://www.cursor.tue.nl/nieuws/2013/juni/robocup-maximaonder-de-indruk-van-robotica/（Accessed on August 21，2019）.

④ Julia Carpenter（2016），*Culture and Human-Robot Interactions in Militarized Spaces*, London：Routledge.

⑤ Megan Garber（2013），"Funerals for Fallen Robots," *The Atlantic*, https://www.theatlantic.com/technology/archive/2013/09/funerals-for-fallen-robots/279861/（Accessed on August 21，2019）.

⑥ 例如，参见 Kate Devlin（2018），*Turned On: Science, Sex and Robots*, London：Bloomsbury.

被设计成能够与人交谈，这样机器人就能成为人的伴侣，而不仅仅是性伴侣。[①]

在上一章中，我还提到了在市场上可以买到的机器人"佩珀"。不像刚刚提到的足球机器人、自动驾驶汽车和军用机器人，也不像刚刚提到的性爱机器人，"佩珀"看起来确实像一个典范型机器人。它不是为任何特定的领域或用途而设计的，却被用作特殊的用途：例如，"佩珀"可被用来接待酒店客人、在家里招待客人，或者参与人-机器人互动的研究。2017 年的一则新闻报道显示，"佩珀"在日本参与了佛教葬礼，这让一些人担心机器人很快也会接管宗教或精神领域的工作和任务，这让一些人感到震惊。[②]

会踢足球的机器人、自动驾驶汽车、在军队中有很高价值的军用机器人、可以和女王陛下聊天的服务型机器人、性爱机器人以及参与宗教仪式的机器人——这一切在几年前听起来还像是科幻作品中的情节。例如，在电影《赫比》（*Herbie*，1968）中，就有一辆可以载着人们四处奔走的会说话的汽车。在电影《机械姬》（*Ex Machina*，2014）中，男主角们被长得像人类女性的类人机器人所吸引。在电影《她》（*Her*，2013）中，一个男人爱上了操作系统。在电影《机器人总动员》（*Wall-E*，2008）中，小巧的垃圾收集机器人"瓦力"（Wall-E）看起来很像上文提到的军用拆弹机器人"布默"。

电影中的机器人和上文提到的现实生活中的机器人还有另一个惊人的相似之处。就像我们自然地把电影中的机器人视作可以采取

[①] Sven Nyholm and Lily Frank (2019)，"It Loves Me，It Loves Me Not：Is It Morally Problematic to Design Sex Robots That Appear to 'Love' Their Owners?" *Techné：Research in Philosophy and Technology* 23(3)，402 - 424.

[②] 例如，参见 Simon Atkinson (2017)，"Robot Priest：The Future of Funerals?" BBC，https://www.bbc.com/news/av/world-asia-41033669/robot-priest-the-future-of-funerals (Accessed on August 21，2019)和 Adario Strange (2017)，"Robot Performing Japanese Funeral Rites Shows No One's Job Is Safe," *Mashable*，https://mashable.com/2017/08/26/pepper-robot-funeral-ceremony-japan/?europe＝true(Accessed on August 21，2019).

行动、作出决定、与其他行动者互动的行动者（agents）①那样，大多数人也会自然地把现实生活中的机器人视作可以采取行动、作出决定、与其他行动者互动的行动者。事实上，如果不使用能动性这一术语，我们就很难谈论机器人本身，以及机器人能做什么。而且不只是外行会这样做，专家同样也会这样做。②

关于为什么人们会视机器人为行动者，有诸多原因。一个明显的原因是，正如我上面提到的，通常创造机器人是为了执行特定领域中的任务——而这些任务通常是由人类执行的。例如，当我们习惯于把人类驾驶员视作转向哪条路、行驶哪条路线的决定者时，我们也会非常自然地使用同样的语言来表述自动驾驶汽车的行为。另一个原因是，科幻作品往往训练我们把机器人视作行动者。许多科幻作品，无论是书还是电影，都把机器人作为主角。

更深层的原因是，人类有一种显而易见的偏好，即把能动性投射到世界的不同方面。例如，当暴风雨来临时，人们可能会说大海很"生气"。或者想想研究人员的经典研究，他们在屏幕上展示了圆形、三角形和正方形等图形，这些图形在屏幕上似乎以社交的方式在移动。③ 在这个实验的最新版本中，有一个视频片段显示，一个圆形在类似山坡的东西上向上移动，④一个三角形出现在圆形的后面，并跟着它一直爬到山顶。人们倾向于把三角形看作是在"帮助"圆形上山。在另一段视频中，一个正方形出现在圆形前面，接着，圆形又下山了。大多数人会不自觉地认为正方形"阻碍"了圆形上山。如果人

---

① agent 指的是具有行动能力的事物，既可以指人，也可以指非人的动物或人造物（比如机器人）。在本书中，译者统一把 agent 译为"行动者"。——译者注

② 我将在第 3 章中以较大篇幅探讨这一问题，详情参见第 3 章的参考文献。

③ Fritz Heider and Marianne Simmel（1944），"An Experimental Study of Apparent Behavior," *American Journal of Psychology* 57（2），243 - 259.

④ Valerie A. Kuhlmeier（2013），"The Social Perception of Helping and Hindering," in M. D. Rutherford and Valerie A. Kuhlmeier, *Social Perception: Detection and Interpretation of Animacy，Agency，and Intention*，Cambridge，MA：The MIT Press，283 - 304.

们把能动性和社会特性（social qualities）赋予科幻作品中的机器人、自然现象，或者像正方形、三角形和圆形这样的图形，那么人们也会自然而然地把能动性赋予现实生活中的机器人，这也就不足为奇了。但这是个错误吗？如果我们试图阻止自己把能动性赋予机器人，会更好或者更正确吗？

在本章中，我想开始讨论——这将贯穿接下来的许多章节——我们应该如何看待机器人表面显现出来的能动性（apparent agency）①。关于人们如何看待机器人的表面能动性，研究人-机器人互动的心理学家已经做了很多有趣的工作。② 我感兴趣的是伦理的或哲学的问题，即人们应该如何看待这一表面能动性。当然，当我们试图回答这个伦理问题时，我们需要考虑人们如何对待机器人，以及人们实际上倾向于如何思考和谈论机器人。但这个问题不同于诸如人们是否犯了错误，人们是否应该这样做等规范性问题。在本章中，我也对这一问题的现状感兴趣，即机器人（或某些机器人）是否能在任何重大意义上被视为行动者。这纯粹是一个描述性的问题或一个简单的概念分析问题吗？还是说，是否将能动性的概念赋予机器人这一问题，与其说是一个概念分析问题，不如说是一个伦理问题，它关乎面对机器人时，我们应该如何行事？

我在本章的第一个主要论点是如何思考和谈论机器人的行为——例如，是否把能动性赋予机器人——是一个固有的伦理问题。这是一个我们可以追随的、被哲学家亚历克西斯·伯吉斯（Alexis Burgess）和大卫·普兰科特（David Plunkett）称之为"概念伦理"（conceptual ethics）的问题。③ 当我们思考和谈论机器人时，我们使用

---

① 译者根据语境，把 apparent agency 译作"表面显现出来的能动性"，下文为了行文的方便，一律简写为"表面能动性"。——译者注

② 例如，参见 De Graaf and Malle，"People's Explanations of Robot Behavior Subtly Reveal Mental State Inferences，"同前文引。

③ Alexis Burgess and David Plunkett（2013），"Conceptual Ethics Ⅰ-Ⅱ，"*Philosophy Compass* 8(12)，1091-1110.

什么样的概念很重要。这是本书讨论的更大的伦理问题的一个关键方面：即人类和机器人应该如何互动。我在本章的第二个主要论点是，我们现在面临着一个问题，我称之为"存在主义的问题"。我的意思是，对于我们是否应该把特定的机器人看作某种类型的行动者，并没有明确的答案。更确切地说，当我们想要赋予机器人能动性，并在这一前提下采取说话或行为方式时，我们经常需要判断这一想法的好坏。我们还需要决定，应该如何将法律责任和道德责任分配给机器人所做出的或看似做出的行动。

2.2　何为"能动性"，以及我们为什么需要反思机器人是不是行动者？

"能动性"是一个技术术语，哲学家们用它来指代一种能力或对这种能力的行使。① 我们所讨论的是一种必须采取行动、作出决定、思考如何行动、与其他行动者互动、制定行动计划、评估过往的行动、并为我们的行动负责的复杂能力。简而言之，我们可以说，能动性是一个多维概念，指的是与采取行动、作出决定和为我们的行动负责等密切相关的能力和活动。

人类是行动者，石头和河流则不是。人类可以采取行动、作出决定、与其他行动者互动、为我们的行为负责，等等；而石头和河流则无法做出这些事情。猫和狗只能做人类可以做的部分事情。例如，当猫和狗做出行动时，它们并不会为所做之事负责。因此，它们是行动者，但不是与人类行动者一样的行动者。黑猩猩和倭黑猩猩是比猫和狗更高级的行动者，但还是没有人类行动者那么复杂。它

---

① Markus Schlosser（2015），"Agency，" *The Stanford Encyclopedia of Philosophy*（Fall 2015 Edition），Edward N. Zalta（ed.），https://plato.stanford.edu/archives/fall2015/entries/agency/（Accessed on August 21, 2019）.

们的行动包括使用工具和相互学习。① 但这并不包括创建法律体系、建立政府或法庭，以及其他的具有组织性的人类行动所独有的事项。就我所理解的行动概念而言，存在着不同种类的行动者，不同种类的行动者之间的差异性与他们（或它们）各自所拥有的行动能力相关。

关于能动性，另一件值得注意的事情是，在不同的背景下，能动性的不同方面似乎有不同程度的影响。并不存在所有的关于能动性的实例都满足的充分和必要条件。为理解这一点，可以思考一下（在许多司法管辖区的）刑法中对行为的评估与民法中对行为的评估之间的差异。在刑法中，通常认为评估被控嫌疑人的意图和心智状态很重要。而在民法中，当某人因某件事被起诉时，通常只考虑某人是否明知故犯就足够了。② 在民法中，被诉人的意图和心智状态与他们是否应该为所造成的损害负责没有太大关系。③

或者思考另外一个例子，当涉及我们如何评价周围人的行为时，我们对他们的行为最关注的方面往往取决于我们与他们的关系：这些人是我们的朋友、家人或者恋人，抑或这些人只是熟人，甚或是陌生人。④ 在我们评估他人的行为时，朋友、家人或恋人的意图与动机对我们的影响要远远大于熟人和陌生人。一般来说，与人类行为最

---

① Robert W. Shumaker, Kristina R. Walkup, and Benjamin B. Beck (2011), *Animal Tool Behavior: The Use and Manufacture of Tools by Animals*, Baltimore: Johns Hopkins University Press.

② 我在这里的论述稍显简略了。严格地说，有一些刑事犯罪涉及严格的责任（strict liability），因此未必涉及精神因素［除了对"意志"（volition）的需要，这个定义很模糊］。此外，在民法中，在许多情况下，当事人即便是知道某些情况也无须承担责任。至关重要的是人们当时应该知道的情况。感谢约翰·丹纳赫在这方面的有益讨论。

③ 例如，参见 Charles E. Torcia (1993), *Wharton's Criminal Law*, §27, 164, cited by Jeffrey K. Gurney (2016), "Crashing into the Unknown: An Examination of Crash-Optimization Algorithms through the Two Lanes of Ethics and Law," *Alabama Law Review* 79(1), 183-267.

④ 引自 Margaret S. Clark, Brian D. Earp, and Molly J. Crockett (in press), "Who Are 'We' and Why Are We Cooperating? Insights from Social Psychology," *Behavioral and Brain Sciences*.

相关的方面通常取决于环境（context）和利害关系。这就是为什么最好不要把能动性的任何方面单独说成是一个行动者能动性中最重要或最核心的方面的原因所在。

然而，有一件事是肯定的，那就是能动性对于法律和伦理来说都是绝对重要的。法律和伦理关注的都是谁正在做、已经做了、或将要做什么，与谁一起做或对谁做什么，以及为什么这么做。我们由此表扬或责备、惩罚或奖励、作出决定、采取行动并完成合作。[①] 我们的伦理理论是关于我们应该或不应该做出什么样的行动：我们应该如何行动、如何作决定、对什么事情负责，以及如何改进自己，等等。同样地，我们的法律体系明确了法律责任，将这些责任与我们所做的事、我们所拥有的身份或权利联系起来，并制定了规定谁做了什么和为什么这么做的程序。

正因为能动性在我们的法律和伦理学说中的中心地位，任何颠覆我们对于能动性的观念的东西都具有内在的破坏性。例如，最近神经科学的发现在一些人看来是对我们的伦理和法律体系的破坏，一些研究者和哲学家认为，这些发现会使我们对人类能动性的普遍概念产生怀疑。比如，一些人指出，新近的科学发现对大多数人的信念提出了质疑，即人类能动性涉及对自由意志的行使。[②] 另一个颠覆我们普遍的伦理和法律观念的例子则是进化心理学理论，一些研究者和哲学家也认为其对我们普遍的道德和人类能动性概念提出了质疑。比如，一些作家试图通过诉诸道德情感的进化理论来反驳我们关于道德和法律责任、谴责和惩罚的观念，这些理论可能会削弱我们通常拥有的信念，即我们倾向于将谴责和惩罚看作完全出于人类理

---

① Stephen Darwall（2006），*The Second Person Standpoint: Morality, Accountability, and Respect*，Cambridge，MA：Harvard University Press.

② 例如，参见 Gregg D. Caruso and Owen Flanagan（eds.）（2018），*Neuroexistentialism: Meaning, Morals, and Purpose in the Age of Neuroscience*，Oxford：Oxford University Press.

性的行动。①

机器人和人工智能也会颠覆我们通常的关于能动性的观念。因此，它们也破坏了我们的伦理和法律体系。② 原因在于，虽然配备了人工智能（或在人工智能帮助下运行的其他系统）的机器人经常被认为是具有能动性的机器人，但大多数配备了人工智能的机器人似乎也缺乏我们通常与能动性联系在一起的许多能力。至少，他们似乎缺乏许多与人类的能动性相联系的重要能力。然而，正如前面提到的，我们常常情不自禁地将能动性赋予机器人和其他由人工智能所驱动的系统。由于这个原因，将原本由人类所执行的任务（例如，驾驶汽车、进行医疗诊断、评估再次犯罪情况等）外包给机器人的趋势破坏了我们的伦理观念与法律体系。

这有时会造成所谓的"职责缺漏"（responsibility gap）③。职责缺

---

① Joshua Greene and Jonathan Cohen（2004），"For the Law, Neuroscience Changes Nothing and Everything," *Philosophical Transactions of the Royal Society* 359，1775 - 1785；Greene，*Moral Tribes*，同前文引；和 Isaac Wiegman（2017），"The Evolution of Retribution：Intuitions Undermined," *Pacific Philosophical Quarterly* 98，193 - 218. 另可参见 Guy Kahane（2011），"Evolutionary Debunking Arguments," *Noûs* 45（1），103 - 125。

② 例如，参见 John Danaher（2019），"The Rise of the Robots and The Crisis of Moral Patiency," *AI & Society* 34（1），129 - 136，和 Brett Frischmann and Evan Selinger （2018），*Re-Engineering Humanity*，Cambridge：Cambridge University Press。

③ Andreas Matthias（2004），"The Responsibility Gap：Ascribing Responsibility for the Actions of Learning Automata," *Ethics and Information Technology* 6（3），175 - 183. 鲁贝尔等人论及一个问题，涉及是否有些人会利用自动化系统（例如，算法的决策系统）尝试隐瞒或掩盖他们对自己行为的责任，从而得到他们想要的结果，但不用承担任何责任。这一系列不法行为被鲁贝尔等人称为能动性方面的"洗钱行为"（agency laundering）。参见 Rubel，Alan，Pham，Adam，and Castro，Clinton（2019），"Agency Laundering and Algorithmic Decision Systems," in Natalie Greene Taylor，Caitlin Christiam-Lamb，Michelle H. Martin，and Bonnie A. Nardi（eds.），*Information in Contemporary Society*，Dordrecht：Springer，590 - 600。
通观全书，作者似乎并没有明确界定 responsibility、obligation 和 duty 之间的区分，这三者在某种程度上被作者混用。为表示区别，本书在翻译时统一将 responsibility 翻译为"职责"，将 obligation 翻译为"责任"，将 duty 翻译为"义务"，如无特殊情况，下文不再特别说明。——译者注

漏是指不清楚谁应该为某一事件负责的情况（比如，对某人造成的伤害），或指没有人可以被证明应为某事负责的情况。人们普遍担心把越来越多的人类事务外包给机器人和其他自动系统的趋势将会造成许多职责缺漏问题。法学家和哲学家约翰·丹纳赫最近也指出，这种趋势也会导致他所说的"惩罚缺漏"（retribution gap）。丹纳赫的意思是，谁应该为机器人所造成的伤害和损害受到惩罚一直是含混不清的，并且也难以找得到任何应为伤害或损害而受惩罚的人。①

我将在下一章细致地讨论职责缺漏和惩罚缺漏的问题。在这里，我提出对这些"缺漏"的担忧，主要是为了激发人们去反思一些问题的重要性，如，机器人是否可以成为行动者，以及如果可以，它们可以成为何种行动者？我也想提出另一个较少被讨论的观点：即，除了不同类型的职责缺漏，机器人和人工智能也可能会导致所谓的"责任缺漏"（obligation gap）。

我的意思是说，责任（或义务或前瞻性的职责）通常被认为是人类行动者所具有的特质——特别是成年人类行动者——他们拥有人类行动者的全部能力。例如，人类行动者在开车时有注意义务，这相当于一种努力确保无人因其驾驶而受到伤害的义务。② 同样，医生有义务确保病人不会因其提供的治疗而遭受或忍受伤害。如果重要的人类任务被转包给机器人或其他机器，那么究竟是谁承担着确保人们的安全以及免受不必要痛苦的责任就会变得不明确。机器人本身没有责任。毕竟，责任通常被定义为如果我们不去做某些事，我们就

---

① John Danaher （2016）, "Robots, Law, and the Retribution Gap," *Ethics and Information Technology* 18(4), 299 – 309.

② Gurney, "Crashing into the Unknown,"同前文引。更多关于机器人和人工智能如何破坏我们当前的道德平衡的内容，参见 Joanna Bryson （2019）, "Patiency Is Not a Virtue: The Design of Intelligent Systems and Systems of Ethics," *Ethics and Information Technology* 20(1), 15 – 26, 和 John Danaher （2019）, "The Robotic Disruption of Morality," *Philosophical Disquisitions*, https://philosophicaldisquisitions. blogspot. com/2019/08/the-robotic-disruption-of-morality.html (Accessed on September 2, 2019)。

理应受到指责或惩罚。① 因此可以这样理解，如果机器人不能被合理地指责或惩罚，它们就没有任何责任。除非我们能确定什么人能对机器人做了什么或没做什么负责，否则，我们也无法确定谁有责任确保产生某些好的结果或避免某些坏的结果。

2.3　人工行动，人类职责：一个"存在主义的问题"

法学家们已经很好地指出了这一点，机器人和人工智能正在被引入人类社会，而我们还没有制定明确的法律来应对这些技术带来的新挑战。杰弗里·格尼（Jeffrey Gurney）在其关于自动驾驶汽车法律监管的研究中明确了这一点。② 约翰·韦弗（John Weaver）在《机器人也是人》（*Robots Are People Too*）一书中也阐释了这一点，这本书是关于机器人和人工智能的。③ 雅各布·特纳（Jacob Turner）在《机器人现代法则》（*Robot Rules*）一书中也如此认为。④ 格尼、韦弗、特纳指出，很多关于这些技术的法律问题——例如，如果自动驾驶汽车撞死人，谁该承担法律责任？——目前还没有明确的答案。正如韦弗对这一问题的总结那样，法律假定了所有的行为都是由人类履行的。⑤ 因此，要么需要新的法律，要么需要以新的和创新的方式解释现有的法律。例如，一直有这样的讨论，当自动驾驶汽车在自动模

① Darwall, *The Second Person Standpoint*, 同前文引。
② Gurney, "Crashing into the Unknown," 同前文引; J. K. Gurney (2013), "Sue My Car Not Me: Products Liability and Accidents Involving Autonomous Vehicles," *Journal of Law, Technology & Policy* 2, 247 – 277; J. K. Gurney (2015), "Driving into the Unknown: Examining the Crossroads of Criminal Law and Autonomous Vehicles," *Wake Forest Journal of Law and Policy* 5(2), 393 – 442.
③ John Frank Weaver (2013), *Robots Are People Too: How Siri, Google Car, and Artificial Intelligence Will Force Us to Change Our Laws*, Santa Barbara, CA: Praeger.
④ Jacob Turner (2019), *Robot Rules: Regulating Artificial Intelligence*, London: Palgrave Macmillan.
⑤ Weaver, *Robots Are People Too*, 同前文引, 第 4 页。

式下运行时，谁应该被认定为驾驶员？如果车里坐着两个或两个以上的人，而他们当中没有一个人会在正常模式下开车该怎么办？一些人认为，汽车制造商应该被认定为驾驶员。格尼在他的一篇论文中建议，汽车本身应该被视为驾驶员。[①] 第三种可能性是没有人应该被认定为驾驶员。我们不能简单地指望现行法律来解决这个问题。简而言之，我们一般认为，人类的法律体系和相关的判例法大多在机器人和人工智能出现之前就已经发展成熟了。

同样地，我们的伦理理论也在机器人和人工智能出现之前就已经发展成熟了。就像我们的大脑在机器人和人工智能时代之前就已经进化了一样，我们的常识和道德观念亦复如是。[②] 此外，我们对具有各种不同维度的能动性的一般概念也是如此。因此，就像我在第 1 章中所说的，我们的心智不一定能很好地适应与机器人和人工智能的互动一样，我也希望指出，我们的法律和伦理理论——以及我们对能动性的理解——也不一定能很好地适应与机器人和人工智能的互动。另一方面，机器人和人工智能被引入社会时，我们还没有明确的伦理和法律框架来解释和评估它们。所以我们会有冲突。我们的法律和伦理理论在机器人和人工智能出现之前就已经形成，人类是在它们的规范和指导下的模范行动者（paradigmatic agents）。现在，机器人和其他人工智能系统似乎在行使某种能动性功能，在我们还没有适当的伦理和法律框架来解释和评估它们以及它们与人类互动的方式之前，它们就被引入了社会。

刚刚提出的机器人在我们还没有明确的伦理和法律框架之前就进入社会的说法，让人想起让-保罗·萨特（Jean-Paul Sartre）[③]提

---

① Jeffrey K. Gurney（2017），"Imputing Driverhood: Applying a Reasonable Driver Standard to Accidents Caused by Autonomous Vehicles," in Patrick Lin, Keith Abney, and Ryan Jenkins（eds.）, *Robot Ethics 2.0: From Autonomous Cars to Artificial Intelligence*, Oxford: Oxford University Press, 51 - 65.

② Persson and Savulescu, *Unfit for the Future*，同前文引。

③ 让-保罗·萨特（1905—1980），法国著名的哲学家，存在主义哲学的最主要代表人物之一。主要代表作品有《存在与虚无》《辩证理性批判》《存在主义是一种人道主义》等。——译者注

出的一个观点，这也是存在主义哲学最著名的引语之一，即"存在先于本质。"①萨特的意思是说，人类在没有明确的身份或本质之前就已经来到了这个世界。我们需要把自己变成特定的人，拥有特定的道德立场和身份。我们有决定我们成为什么样的人的自由。通过这样的"存在主义选择"（existential choice），我们对我们自己的生活负责，并完全忠于自己。按照萨特的观点，我们必须成为某种方式或必须以某种方式行事（因为社会规范屡屡向我们暗示这一点）是一种"欺骗"（bad faith）。用克里斯汀·科斯嘉德（Christine Korsgaard）②的术语来讲，我们必须创设我们作为人类的"实践身份"（practical identity）。③

不管人们如何看待这一存在主义的观点，它似乎确实适用于机器人和人工智能。正如我上面提到的，在它们在我们的社会中有一个明确的"实践身份"之前，在我们明确应该如何看待它们之前，它们就已经进入了社会。因此，我们需要做出所谓的"存在主义选择"来思考我们如何看待机器人以及我们与它们的互动。

此外，我认为我们对能动性的一般概念至少在以上已经提到的两个相关和重要的意义上是相当灵活的。其一，能动性的概念允许存在不同类型的行动者。就像之前所说的，人类是特殊的行动者，猫、狗或者黑猩猩、倭黑猩猩等则是另一种类型的行动者。其二，似乎并没有一些必要和充分条件来决定何为行动的最核心要素，使得每一个行动案例都需要涉及这些充分和必要条件的实现。相反，在

① 这是萨特在《存在主义是一种人道主义》中所反复重申的。参见 Jean-Paul Sartre (2007)，*Existentialism Is a Humanism*，translated by Carol Macomber，New Haven, CT：Yale University Press.有关存在主义哲学的介绍和概述，请参阅 Sarah Bakewell (2016)，*At the Existentialist Café: Freedom, Being, and Apricot Cocktails*，London：Other Press.

② 克里斯汀·科斯嘉德（1952—　）是美国当代著名的哲学家，执教于哈佛大学哲学系。她的研究方向为道德哲学及其历史。

③ Christine Korsgaard（1996），*The Sources of Normativity*，Cambridge：Cambridge University Press.

某些情况下，行动的某些方面是最重要的。在其他情况下，行动的其他方面似乎更相关和更需要被考虑。鉴于这些观察，让我们思考一个具体的案例。

2.4 能动性归属的概念伦理

2018 年 10 月，机器人"佩珀"出现在英国议会前，回答了有关人工智能及人与机器人互动的未来愿景等问题。一位议会议员问佩珀，在一个越来越多的机器人居住的世界里，人类的未来会是什么样子？佩珀回答说："机器人将扮演重要的角色，但我们总是需要人类所独有的软技能：从技术中感知、创造和驱动价值。"①佩珀回答的其他问题则涉及伦理和社会不公正。

就像索菲娅的表现受到了来自技术专家的批评那样，我们同样也听到了对佩珀的批评声音。《技术评论》(*Technology Review*)称，将佩珀邀请到议会作证是一个"可怕的想法"，因为就人工智能的发展程度而言，这是具有欺骗性的。② 计算机科学家罗曼·扬波尔斯基(Roman Yampolskiy)以研究人工智能的局限性而闻名，他经常就这一话题接受媒体采访，他在接受《技术评论》的采访时说："现代机器人不是智能的，所以不能在任何意义上作证。这只是一场木偶戏。"③乔安娜·布赖森——正如我们在上一章看到的，她对索菲娅的批评一直非常尖锐，这次她也以她特有的强硬语言对佩珀的作证提出了类似的批评。布赖森写道："让我们明确这一点。个人或公司假借机

---

① 参见报道 Jane Wakefield（2018），"Robot 'Talks' to MPs about Future of AI in the Classroom," BBC, https://www.bbc.com/news/technology-45879961（Accessed on August 21, 2019）。

② Karen Hao（2018），"The UK Parliament Asking a Robot to Testify about AI is a Dumb Idea," *Technology Review*，https://www.technologyreview.com/the-download/612269/the-uk-parliament-asking-a-robot-to-testify-about-ai-is-a-dumb-idea/（Accessed on December 27, 2018）。

③ 同上。

器人提供证据是属于提供伪证，还是一场没有监管的媒体闹剧？这件事到底属于哪一类型？"①

这一案例说明，一些人通过把能动性赋予佩珀的方式来对待它，而另外一些人则认为这样做是违反伦理的，甚至是荒唐的！我们或许可以说，那些向佩珀提问并邀请它去作证的议员们，其实是和佩珀一起举行一场听证会，在此期间，佩珀被当作一个行动者来看待。技术专家们（如《技术评论》的作者们、扬波尔斯基和布赖森等）回应说，在公众场合这样和佩珀互动是有违伦理的。佩珀缺乏必要的在议会前提供证据或作证的能力，把这种提供证据或作证的能动性赋予佩珀有违伦理。技术专家之所以如此认为，不仅是因为① 佩珀缺乏人所具备的提供证据的能力，而且还因为② 把佩珀当成能够提供证据的机器人可能会造成一种错误的印象，即像佩珀这样的机器人目前拥有比实际更强大的人工智能。②

这是一个我称之为能动性归属（agency attributions）的"概念伦理"（conceptual ethics）的例子，它并不是哲学书本中纯粹假设的话题，而是在公众场合中经常发生的事情。参加听证会的议员们通过他们的行动表明，将相当高级的能动性赋予机器人佩珀，这在伦理上是可以接受的。前述的技术专家们则在公开论坛上表达了他们在伦理上反对这种与机器人佩珀的互动方式。

这一例子引出了几个不同的问题，我们需要小心地把它们区分开来，并且在回应这些问题时，我们可能要提出正当的理由来区别对待不同的情况。例如，如果我们像扬波尔斯基和布赖森那样反对把佩珀当作一个足够聪明的、可以在议会前作证的行动者，这是否意味着我们应该避免把任何能动性赋予佩珀？如果我们拒绝将某些重要的能动性赋予佩珀，这是否会迫使我们对其他领域的机器人采取类

---

① https://twitter.com/j2bryson/status/1050332579197571073（Accessed on August 21, 2019）.

② 引自 Sharkey，"Mama Mia It's Sophia，"同前文引。

似的立场？或者说，将某种形式的能动性赋予机器人是个好主意吗？在伦理上可接受吗？这种做法在很大程度上是取决于具体情境，还是仅仅取决于机器人的能力？

总的来说，我的观点是，当我们思考将能动性赋予任何机器人是否错误时，应该考虑以下四个方面。首先：

● **思考一**：人类的能动性并不是唯一一种类型的能动性；机器人有能力去施行一种机器人式的能动性，这一能动性可以与人类的能动性相对应，但通常如果不是总是应该用不同于人类的标准来衡量。

例如，如果有人认为佩珀可以像一个成年人一样在议会上作证，那就大错特错了。然而，这并不排除这样一种可能性，即佩珀可能被正确地解读为能够在这个或其他情境中行使一些更基本形式的能动性。（我将在下一章更详细地讨论不同形式的能动性，包括更基本形式的能动性。）此外，当佩珀"回答"由议员提出的问题时，人们更倾向于将佩珀看成是以一种行动形式与议员展开互动，而不是把议员坐着的、不会因议员的体重而压坏的长椅看成是一种行动形式。

● **思考二**：行动的概念是足够灵活和多维的，所以就是否可以把机器人当作行动者这一点而言，并不总是有一个明确的答案。

这是在前一节中提出的要点之一。我们不应该假设，在将能动性赋予机器人的情况下，与机器人（如佩珀）进行互动时，行动的一般概念机械地隐含着一个正确的或错误的答案。然而，从伦理的角度出发，我的建议如下：

● **思考三**：我们应该始终把机器人的行动和直接或间接与机器人互动的人类的行动联系起来理解和解释。

例如，佩珀的行动就可以被解释为生产佩珀的公司（软银机器人公司)的行动的延伸。并且在这个案例中,佩珀的行为作为对软银机器人公司行动的延伸,可以被看成是通过与佩珀互动的议员们的行为来帮助实现的。我们可以将佩珀在这种情况下的某些行为称为"能动性的闪现"(flickers of agency)。[1] 但在这种特殊情况下,最重要的行动来自直接与佩珀互动的人(比如,议会议员对佩珀的提问)和间接与佩珀互动的人(比如,软银公司的员工,他们为佩珀编程,使其能够参加在议会的活动)。[2]

最后,我也会建议:

● **思考四**:当我们思考把某种形式的能动性赋予特定的机器人,这在伦理上是正确的/可接受的,抑或是错误的/不可接受的时候,我们需要考虑在机器人运行的环境和领域中有何种价值和目标处于危险之中。

与机器人佩珀一起参加议会听证活动,或许会被认为是对议会活动的庄重性和严肃性的损害。人们可能会认为,一个民主国家的议会不应该——用布赖森的话来说——变成一个"媒体炒作"的场合。这可能就是我们所说的与佩珀互动时的原则性批判,机器人佩珀似乎在这场特殊的听证会中被赋予了某种形式的能动性(即作证的能力)。原则性批判是一种与价值观或理念直接相关、并与特定的环

---

[1] 我在这里选择这个词是对约翰·马丁·菲舍尔(John Martin Fischer)和他关于"自由的闪烁"(flickers of freedom)之讨论的致意。参见 John Martin Fischer (1994), *The Metaphysics of Free Will*, Oxford: Blackwell。

[2] 后现象学家彼得-保罗·维贝克(Peter-Paul Verbeek)认为,我们应该将一种广义的能动性赋予"人类-技术联合体"。在下一章中,我将对自动驾驶汽车和自动武器系统的能动性(类似于维贝克的论点)进行辩护。然而,我自己对这种能动性的看法和维贝克的看法之间的区别是——正如我对他观点的理解——与我相比,维贝克对能动性的理解似乎是在更弱、更广义的意义上。按照维贝克的观点,如果某物能产生影响或者差异,那么就可以说某物具有或行使其能动性。而我对能动性的理解是更强的和更狭义的:即,行动、决策、计划等的展现,如此等等。关于维贝克的讨论,可参见 Peter-Paul Verbeek (2011), *Moralizing Technology: Understanding and Designing the Morality of Things*, Chicago: University of Chicago Press。

境或领域相关联的批判。相比之下，有人则批评说，邀请佩珀参与议会听证可能会让公众对人工智能的发展程度产生错误的信念，这可以称之为工具性批判或实用主义批判。也就是说，当我们把作证的能力赋予佩珀之后，需要对可能导致的不良影响或相关风险进行批判。

在其他领域，将某类能动性赋予（或看似赋予）某领域的机器人可能不会冒犯该领域的价值观和理念。例如，当佩珀被设计成酒店的迎宾机器人时，我们不会觉得这是对酒店制度的冒犯，但当佩珀在议会中回答议员问题时则会被看成是对民主政治的冒犯。与佩珀能够在议会听证相比，在酒店当迎宾机器人可能不太会引导大众对人工智能的发展程度产生错误的信念。

2.5　来自哲学其他领域的思考工具与理论模型

如思考二、三所述，我们应该总是试图以一种方式来理解机器人表面显现出的能动性，即阐明机器人的行动和直接或间接地与机器人互动的人类行动之间的关系（思考三）。此外，我们对不同领域中不同类型机器人表面显现出的能动性的解读，应该以这些领域的特定价值观和目标为指导（思考四）。因此，这两个论点似乎是读者可以接受的。但如前所述，这些思考都是非常普遍且非常抽象的。因此，读者可能有理由问，当我们试图在对特定机器人的伦理反思中使用这些普遍性的思考时，是否有进一步的指南。例如，我们将评估，将自动驾驶汽车或军用机器人视为特定类型的行动者是否不恰当，或是否可以接受。我们该如何把上述思考用于我们对机器人应用的反思之中呢？

我将在下一章中讨论自动驾驶汽车和军用机器人这两个例子。在这一章的结尾，我想提出一些建议，关于将能动性赋予机器人的伦理理由，我们还可以使用哪些类型的哲学工具？我认为，如果我们把上面提到的另外两个思考纳入范围，有工具可用是至关重要的。也就是说，如果我们同意下述观点，我们需要一些能协助我们工作的东西：不同类别的机器人的行动与人类的行动不能画等号，而应该根据它们自己的情况来理解（思考一），以及行动的一般概念是灵活的、多维的，不同维度的行动在不同的环境中以不同的方式和不同的程度起作用（思考二）。

关于把不同类别的能动性赋予机器人是否合适的伦理理由，我建议的第一个工具是我所谓的"适度的保守主义"。我的意思是说，如果可能的话，我们不应该建议人们以与大多数人截然不同的方式来思考和谈论机器人。就像我上面提到的，人们确实倾向于把不同类别的能动性赋予机器人。不论是外行人还是专家，都在谈论使用能动性语言（language of agency）的机器人。我们很难不把机器人看作是在做事情、作决定，等等。因此，适度的保守主义的论点将指导我们试图找到一种可接受的方式来解释作为某种行动者的机器人。这并不是说，我们应该赞成赋予机器人以其不可能拥有的过度的能力。相反地，我们应该寻求一种方式，允许以能动性语言（这是伦理的核心，而且在常识中也是自然而然的！）来解释和谈论机器人的实际能力，而不会走极端。

例如，我们当然有理由认为，让佩珀这样的机器人在议会中作证是错误的。人们能轻易阻止自己邀请机器人作证，阻止自己表现得好像机器人有能力去作证一样。然而，认为我们应该努力消除所有的冲动，即不自觉地将佩珀这样的机器人视为某种类别的行动者、执行某种类型的机器人动作、作出某种机器人决策，这可能是不合理的。这可能很难做到，因为我们人类很自然地就会用能动性来思考问题。因此，适度的保守主义观点会主张，当我们想到像佩珀这样的机器人时，放弃所有能动性语言和能动性概念的建议过于激进或要求过高。

关于可用工具，我的另一个建议是，在哲学的不同领域寻找其他现象的理论，将其作为模型引入这一启发性领域。在思考机器人以及人类与机器人互动关系时，有四种来自哲学不同领域的理论让我印象深刻。这四种理论是：

表 2.1

自我关系理论：	能动者关系理论：
1：关于个体自身行动的不同方面之关系的理论，例如，关于控制我们未来行动的理论、我们为自己制定的规则的理论（如康德的伦理学），等等。	**3：角色和角色-责任理论**，例如，成为导师、经理、父母、财产拥有者等角色，以及这些角色所伴随的责任。
2：关于我们如何调节或间接控制我们通常无法直接控制的方面的理论，例如，我们的情绪、我们的信念、我们的心率，等等。	**4：权力和权力关系理论**，例如，关于人们可以合理拥有何种权力的理论（例如，民主选举的领导人）或者不正当地拥有何种权力的理论（例如，主人对奴隶的权力）。

上述四种来自其他哲学领域（如，心智哲学、政治哲学、伦理学，等等）的理论可以帮助我们理解人类对机器人的控制关系以及其他形式的人类与机器人的关系。

例如，关于个体自身行动的不同方面之间关系的理论可以用来发展并解释人们如何能直接或间接地控制机器人表面显现的能动性的理论模型。如果我们把某些机器人的能动性或表面显现的能动性看作是我们自己能动性的一种延伸，那么关于我们自己能动性之不同方面的关系的理论就会特别有用。例如，一个被远程操纵的无人机，在我们观察它时，它很容易被认为是在执行任务。但无人机的行动可以说是无人机操作者行动的延伸。为了完成这个建议，我们可以转向我们自身行动的某些方面如何与我们自身行动另一些方面相互作用的原理，比如，关于当前所作的决定如何控制或约束我们未来要作的决定，如何溯源于之前所作的决定。①

————————

① 例如，参见 Jon Elster（1979），*Ulysses and the Sirens：Studies in Rationality and Irrationality*，Cambridge：Cambridge University Press.我们也可以借鉴心智哲学中所谓的延展心智理论，根据这一理论，我们的心智有时会延伸到我们所使用的一些技术中，在形成功能系统的意义上与这些技术结合在一起。参见 Andy Clark and David J. Chalmers（1998），"The extended mind," *Analysis* 58(1)：7 - 19。

关于我们自身缺乏直接控制力的方面（例如，我们的情绪），我们对其进行调节或间接控制的原理可以帮助我们理解人类如何间接控制机器人以及其他具有某种程度的功能自主性的系统。我们将在下一章中看到，哲学家们对潜在的职责缺漏的一些担忧，主要是对在自主模式下运行的机器人缺乏直接控制的担忧。如果有一些合理的模型可以说明我们如何能够间接地控制我们自身缺乏直接控制力的某些方面，那么人们如何能够控制这些机器人就不再是个谜了。

例如，哲学家多萝西娅·德布斯（Dorothea Debus）提出了一个有关我们对不能直接控制的方面进行自我调节的理论，在我看来特别有用。[1] 德布斯特别讨论了我们的精神生活，也就是我们的情绪或感受，这些通常是我们无法直接控制的方面。概括地说，德布斯认为，当下列条件具备时，我们可以调节自身精神生活的这些方面：我们可以通过某种方式，引导自己的特定方面向目标方向发展（"引导条件"）；我们可以进行一些干预，将我们自己的特定方面引向期望的方向（"干预条件"）；我们对可能会引发或减弱我们自己的特定方面的原因类型有着普遍的理解（"理解条件"）。[2]

例如，如果我们知道爵士乐或热巧克力能让我们有好心情，我们就有办法让自己接触爵士乐或热巧克力，从而引导自己向好心情的方向发展——那么我们就有了一些间接控制心情好坏的方法，尽管我们可能缺乏对我们当前心情好坏的直接控制。这和对机器人的间接控制有什么关系呢？假设有一个自主运行的机器人，我们可以用目标导向的方式引导它。假设我们可采取一种干预来实现这种引导。假设我们了解何种因素会影响自主运行机器人的行为。然后，根据这种思维方式，我们可间接控制机器人的动作和行为，即使它目

---

[1] Dorothea Debus, "Shaping Our Mental Lives: On the Possibility of Mental Self-Regulation," *Proceedings of the Aristotelian Society* CXVI(3), 341–365.

[2] 在这里，为了简化陈述，我省略了德布斯也讨论过的第四个条件，它与干预条件直接相关。德布斯所讨论的第四个条件叫作"有效行动条件"。这一观点认为，我们可以采取的干预措施应该是有效的，并能产生预期的效果（同上，第348页）。

前不在我们的直接控制之下。

再来思考一下角色和角色-职责。法学学者已经很好地指出，角色和角色-职责的法律理论——就如何看待人们与无人驾驶汽车或军用机器人等机器人的角色关系和责任关系——可以成为很好的理论模型。[①] 自动驾驶汽车的使用者或所有者与自主运行的自动驾驶汽车的责任关系是什么呢？为了提出有关于此的理论，我们可以思考一下出租车公司的经理或私人驾驶员的雇主的职责。[②]

最后思考一下权力和权力关系。在所谓的共和政治理论（republican political theory）中，思想史学家昆汀·斯金纳（Quentin Skinner）和哲学家菲利普·佩蒂特（Philip Pettit）发展了关于受他人权力支配的人之间的关系理论，这一理论在这里很有用。[③] 按照这种思维方式，如果某人在做选择时需要得到另一个人的批准，或者如果另一个人有办法阻止该人做出某些选择（如果他们希望这样做的话），那么某人就处于另一个人的权力控制之下。比如说，孩子有他的玩具可以玩。但在任何时候，如果父母不同意或出于其他原因希望拿走部分或全部玩具，他们就可以拿走。如果是这样的话，父母就有权决定孩子玩什么玩具——即使父母什么都不做，让孩子玩任何他想玩的玩具。权力在于干预、限制或取消选择的能力。这种思维可以很容易地被转移到人与机器人的关系中。因此，人类可以被理解为拥有控制机

---

① 例如，参见 Gurney, "Imputing Driverhood," 同前文引，和 Robert W. Peterson （2012），"New Technology — Old Law： Autonomous Vehicles and California's Insurance Framework," *Santa Clara Law Review* 52，101 – 153。

② 这是我和约翰·丹纳赫在他的播客上讨论过的一个想法。参见 John Danaher and Sven Nyholm （2018），"Episode ＃40： Nyholm on Accident Algorithms and the Ethics of Self-Driving Cars," *Philosophical Disquisitions*，https：//philosophicaldisquisitions.blogspot.com/2018/06/episode-40-nyholmon-accident.html （Accessed on August 25，2019）。亦可参见 Peterson, "New Technology — Old Law," 同前文引。

③ Quentin Skinner （1997），*Liberty before Liberalism*，Cambridge：Cambridge University Press；Philip Pettit （1997），*Republicanism: A Theory Government*，Oxford：Oxford University Press；Philip Pettit （2014），*Just Freedom: A Moral Compass for a Complex World*，New York：Norton.

器人的权力（包括控制自主运行的机器人的权力），如果人类有某种方法可以移除机器人的选项或限制机器人的行为。人类可以拥有这种权力，即使他或她坐在那里什么也不做，让机器人自动运作。正是拥有这种让机器人停下来或改变机器人未来工作方式的能力构成了人类对机器人的控制。

2.6 结论

在本章中，我一直在非常概述性地讨论机器人和能动性。我一直在讨论关于如何最好地处理特定类型的机器人是否能够行使特定类型的行动的方法论问题。我更关心的是我们是否应该把能动性赋予机器人这个问题的现状，而不是这个问题的实质性答案，因为它适用于任何特定的机器人或任何特定类别的行动。然而，在下一章中，我将聚焦于两种特定类型的机器人及其能动性。我将专注于自动驾驶汽车和自动武器系统。我将提出一种思考此类机器人能动性的特殊方式，并为其作简要的辩护。特别是，如果无人驾驶汽车和自动武器系统对人类造成伤害，谁应该负责任的问题。

第 3 章

人–机器人协作与职责缺漏问题

3.1 自动驾驶汽车的碰撞

在 2015 年之前,有关自动驾驶汽车碰撞事故的讨论基本上是假设性的。然而,随着自动驾驶汽车道路测试的增加,其现实世界中的车祸很快就开始发生了,2015 年大约发生了 20 起。最初的撞车事故主要是传统汽车追尾前面缓慢行驶的自动驾驶汽车,而且几乎没有造成什么损害。[①] 然而,2016 年发生了一些更引人注目的事故。

2016 年的情人节,在加利福尼亚州山景城(Mountain View, California),一辆自动驾驶汽车和一辆公交车的"相遇"并不十分"浪漫"[②]。谷歌公司生产的一辆自动驾驶汽车撞上了公交车。虽然没有人员受伤,但谷歌公司的这辆测试车受到了一定程度的损坏。以前,当传统汽车和谷歌公司的自动驾驶汽车发生碰撞时,责任总是落在人类驾驶员身上,而这次则不同。这是谷歌第一次为撞车事故承担责任(responsibility)[③]。谷歌在事故报告中承认:"我们显然负有一定的责任。"[④]谷歌还承诺升级他们的汽车软件,让它们能更好地预测大

---

① B. Schoettle and M. Sivak（2015），"A Preliminary Analysis of Real-World Crashes Involving Self-Driving Vehicles"（No. UMTRI‐2015‐34），Ann Arbor：The University of Michigan Transportation Research Institute.

② Phil LeBeau（2016），"Google's Self-Driving Car Caused an Accident，So What Now?," *CNBC*，https://www.cnbc.com/2016/02/29/googles-self-drivingcar-caused-an-accident-so-what-now.html（Accessed on August 22，2019）.

③ 本章中所谓 responsibility 是在日常口语意义上讲的,故而译者直接按照表达习惯翻译为"责任"。但为了与前文的概念名词的翻译相统一,在本章中,译者只把 responsibility gap 翻译为"职责缺漏"。特此说明。——译者注

④ Phil LeBeau（2016），"Google's Self-Driving Car Caused an Accident，So What Now?," *CNBC*，https://www.cnbc.com/2016/02/29/googles-self-drivingcar-caused-an-accident-so-what-now.html（Accessed on August 22，2019）.

型车辆的行为,比如公交车。

2016 年 5 月发生的另一起更悲惨的事故在自动驾驶汽车史上也具有标志性,这是第一起致命事故。一辆处于"自动驾驶"模式的特斯拉 S 型车与一辆特斯拉传感器没有发现的卡车相撞,造成了自动驾驶汽车史上第一起致命事故:当卡车和特斯拉汽车相撞时,坐在特斯拉汽车里的男子当场死亡。[①] 然而,与谷歌不同的是,特斯拉并没有对这起致命事故负责。在一份措辞谨慎的声明中,特斯拉对死难者家属表示同情,但也强调,该"客户""一直处于对汽车的掌控之中,在其责任范围之内。"[②]然而,和谷歌一样,特斯拉也承诺更新汽车设备。他们承诺,让汽车的传感器在强光下能够更好地识别移动的物体。那么,在某种程度上,特斯拉其实承认,他们的产品要对这起死亡事故负有因果责任,至少是部分责任,尽管他们否认自己要为所发生的事情承担法律上和道德上的责任。

2018 年 3 月,一辆自动驾驶汽车第一次直接撞死了一名路人。[③]优步公司那时正在亚利桑那州的坦佩(Tempe,Arizona)测试沃尔沃自动驾驶汽车的性能。其中一辆车撞死了一位路过的女士——伊莱恩·赫茨伯格——这位女士突然出现在汽车前要横穿马路。赫茨伯格在被送往医院的途中死亡。事件发生后,优步立即暂停了在坦佩和其他地方的自动驾驶汽车测试。在这起致命车祸发生后不久,优步就与死者家属达成了财务和解,死者家属没有提起法律诉讼。这起事故发生后,优步发布了一份 70 页的文件,其中包括,他们认为自动驾驶汽车有可能比普通汽车更安全。2018 年 12 月,优步公司恢复

---

① The Tesla Team,"A Tragic Loss," *Tesla Blog*,https://www.tesla.com/blog/tragic-loss(Accessed on August 22,2019).

② 同上。

③ Sam Levin and Julie Carrie Wong (2018),"Self-Driving Uber Kills Arizona Woman in First Fatal Crash involving Pedestrian," *Guardian*,https://www.theguardian.com/technology/2018/mar/19/uber-self-driving-car-killswoman-arizona-tempe(Accessed on August 22,2019).

了在公共道路上的自动驾驶汽车测试，这次是在宾夕法尼亚州的匹兹堡。[1]

这些案例有助于说明我将在本章讨论的主题：即，当机器人或其他自动化技术伤害或杀死人类时，该如何分配责任。更具体地说，接下来的内容是调查当机器人行使的行动类型造成了人类死亡，谁该为这一行动承担责任。讨论的重点将放在自动驾驶汽车上，但自动武器系统及其造成的伤亡的责任也将被讨论。为了集中讨论这些话题，我遵循作家邓肯·普维斯（Duncan Purves）等人[2]和约翰·丹纳赫[3]的观点，他们也探讨了这些不同技术之间的重要相似之处以及它们可能造成的伤害。

值得注意的是，迄今为止，关于机器人造成人员伤亡的哲学讨论，规模虽小，但却日益增长，这些讨论通常具有以下特点：

1. 人们通常想当然地认为（没有太多争论），自动化技术会行使其能动性（exercise agency）。

2. 这一能动性被认为具有高度的自动化（autonomy）/独立性。

3. 重点大都集中在寻找潜在的职责缺漏（responsibility gaps）上，也就是不清楚或不确定谁在道德或法律层面上对某些后果或事件负责的情况。

4. 大部分的讨论都是关于事故现场以及技术没有按照其应有的方式发挥作用这两方面。

本章则采用了另一种方法。这一方法更详细地研究了我们可以

[1] Daisuke Wakabayashi and Kate Conger（2018），"Uber's Self-Driving Cars Are Set to Return in a Downsized Test," *New York Times*，https://www.nytimes.com/2018/12/05/technology/uber-self-driving-cars.html（Accessed on August 22，2019）.

[2] Duncan Purves，Ryan Jenkins，and B. J. Strawser（2015），"Autonomous Machines，Moral Judgment，and Acting for the Right Reasons," *Ethical Theory and Moral Practice* 18(4)，851 – 872.

[3] Danaher，"Robots，Law，and the Retribution Gap,"同前文引。

合理地将何种类型的能动性赋予特定类型的机器人这一问题。它质疑了将这类能动性看作是高度自动化或独立性的偏好。本章没有着重于寻找更多潜在的职责缺漏，而是提出了该如何为能动性的诸形式（forms of agency）分配责任的一系列问题。而且，本章并没有直接讨论技术故障和事故现场，而是以"正常"的情况作为出发点，在该情况下，这些技术能够以它们预期的方式发挥作用。

这一章的主要论点可以总结如下。显然，把重要的能动性类别赋予许多当前的机器人技术，比如自动驾驶汽车或自动武器系统，确实是有意义的。但是这一能动性通常被看作是一种基于协作的行动类型（a type of collaborative agency），而技术的协作伙伴是人。这意味着，当我们试图为这些技术所造成的任何伤害或死亡分配责任时，我们不应该专注于个体行动和个体行动的责任理论。我们应该对协作的行动和对这一协作行动的责任开展哲学的分析。特别是，我们应该运用协作行动的层次模型，在这种模型中，协作中的一些行动处于其他行动的监督和权责之下。

在我们开始进行分析之前，先简要介绍一下术语：第一，当我们谈论"自动驾驶汽车"时，我们指的是在更短或更长的时间范围内具有自动驾驶功能而不直接受到人为干预的汽车。功能自动化机器（functionally autonomous machine）是指在一段时间内可以自己执行某些任务的机器。① 这不同于哲学家在讨论伦理问题时所涉及的"自主能动性"的自主（autonomy）②。哲学意义上的自主能动性指的是在

---

① 引自 Jeffrey N. Bradshaw, Robert R. Hoffman, Matthew Johnson, and David D. Woods (2013), "The Seven Deadly Myths of 'Autonomous Systems,'" *IEEE Intelligent Systems*, 2013, 2-9, and David Mindell (2015), *Our Robots, Ourselves: Robotics and the Myths of Autonomy*, New York: Viking.

② 在英文中，自主性、自动性都以"autonomy"来表达，其形容词形式是"autonomous"。译者在翻译时，考虑到汉语的表达习惯，涉及到人的自主性时，则翻译为自主/自主性的；涉及到机器人和非生命体的自动化时，则翻译为自动化/自动化的。当作者用拟人的手法说明机器人或非生命体之行动的不可预测性时，则翻译为加引号的"自主性"或"自主性的"。特此说明。——译者注

某种特定人生观指导下的独立思考和推理能力，即对自己的行为和决策等进行自我批判的能力。① 一个机器人虽然可以实现功能上的自动化（autonomous），但是并无法像人一样获致很强的自主性。如此，我在这一章所讨论的问题，可以重新表述为以下问题：像自动驾驶汽车、军用机器人等功能上具有自动化的机器人究竟有多"自主"（从哲学的独立能动性意义上来讲）？如果它们具有某种能动性的形式，那么在哲学"自主性"的意义上，它们的能动性究竟能够达到何种程度的"自主性"？

第二，当我们讨论自动驾驶汽车和其他功能自动化的机器时，我们经常会看到汽车标准化组织国际自动机工程师学会对各种自动"级别"的定义。② 例如，第5级指完全的自动化，使用自动驾驶汽车的人不需要做任何事情，而第0级则要求驾驶员执行所有正常的驾驶任务。在0级到5级之间，不同的级别是根据系统可以承担多少不同的驾驶任务来定义的。我在这里提到自动化级别的概念是因为在下文中我多少会讨论到高阶的自动化级别或能动性级别。我不会用数字来描述能动性的级别，而是使用描述性的名称。当我在下面讨论能动性的高级形式时，有些读者可能会想到对自动化级别的讨论。但我感兴趣的是些许不同的东西，这与自动化级别的讨论者是不同的。他们感兴趣的是自动驾驶汽车能完成什么任务，但我感兴趣的是，创造能够接替人类任务的自动驾驶汽车是否意味着创造具有类

---

① Sarah Buss and Andrea Westlund（2018），"Personal Autonomy，"*The Stanford Encyclopedia of Philosophy*（Spring 2018 Edition），Edward N. Zalta（ed.），https://plato.stanford.edu/archives/spr2018/entries/personal-autonomy/.

② 例如，参见 Daniel Heikoop，Marhan P. Hagenzieker，Giulio Mecacci，Simeon Calvert，Filippo Santoni de Sio，and B. van Arem（2019），"Human Behaviour with Automated Driving Systems：A Qualitative Framework for Meaningful Human Control，"*Theoretical Issues in Ergonomics Science*，online first at https://www.tandfonline.com/doi/full/10.1080/1463922X.2019.1574931.这篇文章有一些有趣的讨论，探讨了机器不同的自动化程度之间的差别，以及这些差别对于驾驶员对这些自动驾驶汽车的控制程度（或缺乏控制）意味着什么，文章还探讨了驾驶员需要何种程度的技能才能控制不同自动化程度的自动驾驶汽车。

似人类能动性的机器人。

3.2 职责缺漏与惩罚缺漏

当哲学家讨论功能自动化系统的伦理问题时,你经常会发觉他们的如下观点:

● 如果汽车要真正实现自动驾驶,能够在道路上负责地行驶,它们将需要复制……人类的决策过程。[1]

● 无人驾驶汽车和自动武器系统一样,可能需要在操作过程中做出生死攸关的决定。[2]

● 无人驾驶系统让机器能够瞬间作出决定,这可能会带来生死攸关的影响。[3]

● 自动武器系统与现有武器的区别在于,它们有能力选择自己的目标。[4]

如果一个机器人确实能够"复制人类的决策过程""作出生死抉择""瞬间决定"或"选择自己的目标",那么这个机器人就是一个行动者。在能动性的一般概念中,决策和选择是能动性的关键方面。因此,上述评论者都把能动性或决策能力赋予自动化系统本身。马

---

[1] Patrick Lin (2015),"Why Ethics Matters for Autonomous Cars," in Markus Maurer, J. Christian Gerdes, Barbara Lenz, and Hermann Winner (eds.) *Autonomes Fahren: Technische, rechtliche und gesellschaftliche Aspekte*, Springer, Berlin, Heidelberg, 69 - 85, at 69.

[2] Purves et al.,"Autonomous Machines, Moral Judgment, and Acting for the Right Reasons,"同前文引,第 855 页。值得一提的是,在文章的随后部分,普维斯等人探讨了自动武器系统并不是自主性的行动者的可能性,似乎是为了引出职责缺漏问题所必需的(见第 867 页)。不过,在文章前面的部分,他们认真探讨了自动驾驶汽车和自动武器系统进行"生死抉择"的必要性,正如文章中所引用的那样。

[3] Wendell Wallach and Colin Allen, *Moral Machines: Teaching Robots Right from Wrong*, Oxford: Oxford University Press, 14.

[4] Robert Sparrow (2007),"Killer Robots," *Journal of Applied Philosophy* 24(1), 62 - 77, at 70.

克·考科尔伯格（Mark Coeckelbergh）①更明确地表示，当人类使用自动驾驶汽车时，我们可以假设"所有的能动性都转移到了机器上。"②

值得注意的是，从自动化系统是决策行动者（decision-making agents）的前提，到需要将道德原则编入这些系统的主张，这种转变正变得越来越普遍。③ 该主张认为，如果自动化系统要作出决定，包括"生死决定"，它们应该做出在道德上可以被接受的决定。否则它们将给人类造成不可承受的危险。但这并没有解决如果有人被自动系统伤害或杀死时，谁应该负责的问题。一个机器人可以通过编程使其行为符合道德上可接受的原则，而无须对自己这样做（或未能做到）负责。因此，即便机器人能够遵守道德准则，但问题仍在于谁会对机器人做了什么或没做什么负责。④

因此，很多关于机器人及其潜在危害的讨论都是关于如何分配这些机器人参与决策时所承担的责任。⑤ 在这些讨论中，上述作者不

① 马克·考科尔伯格，奥地利维也纳大学哲学系教授，主要研究兴趣是技术哲学。他曾在2017—2019 年担任国际技术哲学学会（The Society for Philosophy and Technology）主席。

② Mark Coeckelbergh（2016），"Responsibility and the Moral Phenomenology of Using Self-Driving Cars," *Applied Artificial Intelligence* 30(8)，748 – 757, at 754.

③ 例如，参见 Ronald Arkin（2010），"The Case for Ethical Autonomy in Unmanned Systems," *Journal of Military Ethics* 9(4)，332 – 341；Noah J. Goodall（2014），"Ethical Decision Making during Automated Vehicle Crashes," *Transportation Research Record: Journal of the Transportation Research Board* 2424，58 – 65；Jan Gogoll and Julian F. Müller（2017），"Autonomous Cars: In Favor of a Mandatory Ethics Setting," *Science and Engineering Ethics* 23(3)，681 – 700；和 Sven Nyholm and Jilles Smids（2016），"The Ethics of Accident-Algorithms for Self-Driving Cars: An Applied Trolley Problem?," *Ethical Theory and Moral Practice* 19(5)，1275 – 1289。

④ 正如我在第 1 章中所提到的，这也有可能导致我所谓的"责任缺漏"（obligation gaps），也就是说，谁有责任确保相关机器人的行为符合道德可接受的标准，并产生好的结果、而不是坏的结果，是不明晰的。

⑤ 例如，参见 Sparrow, "Killer Robots,"同前文引；Alexander Hevelke and Julian Nida-Rümelin（2015），"Responsibility for Crashes of Autonomous Vehicles: An Ethical Analysis," *Science and Engineering Ethics* 21(3)，619 – 630；Ezio Di Nucci and Filippo Santoni de Sio（eds.）（2016），*Drones and Responsibility*，London: Routledge；Coeckelbergh, "Responsibility and the Moral Phenomenology of Using Self-Driving Cars,"同前文引。

仅明确地将能动性赋予机器人,而且他们也把高度自动化和独立的能动性赋予机器人。看看他们对职责缺漏的担忧,将有助于说明这一点。

例如,罗伯特·斯派洛(Robert Sparrow)[①]讨论了自动武器系统,认为很难确定谁要对这些系统造成的伤害或死亡负责。[②] 斯派洛认为,程序员不能承担责任,因为他们不能完全"控制和预测"他们创造的系统会做什么,因此追究他们的责任是不公平的。指挥人员也不能承担责任:自动化武器系统的行动并不完全由指挥人员的命令"决定"。那么,机器人本身是否应该承担责任呢? 斯派洛认为,机器人的行为是独立的,因为这些行为出于机器人自己的原因和动机。但他也认为,因为机器人不会受到任何我们可能施加给它们的惩罚,所以让它们为自己的行为负责是没有意义的。[③] 任何相关方都没有理由对此负责。机器人是独立行动的,因此人类不能对此负责;但机器人不能像人类那样对惩罚和责备作出反应,因此它们也无法被合理地追究责任。

让我们再来看看亚历山大·希维尔克(Alexander Hevelke)和朱利安·尼达-如美林(Julian Nida-Rümelin)对自动驾驶汽车碰撞责任的讨论。[④] 继法律学者加里·马尔尚(Gary Marchant)和雷切尔·林多尔(Rachel Lindor)之后,[⑤]希维尔克和尼达-如美林首先提出,汽车

---

① 罗伯特·斯派洛,澳大利亚莫纳什大学哲学教授,主要研究兴趣是应用伦理学。——译者注

② Sparrow, "Killer Robots,"同前文引。

③ 与之相反,丹尼尔·泰格德(Daniel Tigard)认为,有时让机器人为它们所导致的坏的后果负责或许是可行的。泰格德认为,如果这样做能够起到威慑或其他可取的效果,那么这样做是有意义的。参见 Daniel Tigard (forthcoming), "Artificial Moral Responsibility: How We Can and Cannot Hold Machines Responsible," *Cambridge Quarterly in Healthcare Ethics*。

④ Hevelke and Nida-Rümelin, "Responsibility for Crashes of Autonomous Vehicles,"同前文引。

⑤ Gary Marchant and Rachel Lindor (2012), "The Coming Collision between Autonomous Cars and the Liability System," *Santa Clara Legal Review* 52(4), 1321 - 1340.

制造商不应为自动驾驶汽车发生的碰撞事故负责。他们提出的理由是，这可能会阻碍制造商开发这些汽车，这将是一件坏事，因为自动驾驶有许多潜在的益处。[1] 这样一来，负责方就只剩下汽车驾驶员和汽车本身了。

希维尔克和尼达-如美林并没有认真考虑让自动驾驶系统负责的可能性，而是把注意力集中到汽车驾驶员身上。他们首先辩称，自动驾驶汽车的驾驶员不应因任何特殊的注意义务而承担责任。事故发生实属小概率事件，因此期望人们给予足够的关注、在事故发生之前就合理地期望他们介入并接管自动驾驶系统是不公平的。那些被自动驾驶系统强加风险的驾驶员该承担责任吗？希维尔克和尼达-如美林认为，如果让驾驶员承担责任，这将使人们成为道德运气的人质，有违公平。有人乘坐的自动驾驶汽车伤害了他人，而有人乘坐的自动驾驶汽车没有伤害他人，这两者之间的唯一区别就是前者运气不好。[2] 而每个使用自动驾驶汽车的人在使用这些汽车时产生的风险方面是平等的。因此，在希维尔克和尼达-如美林看来，以创建风险共同体(risk-creating community)的名义让所有用户共同承担责任是有道理的。这可以通过强制保险或对自动驾驶征税来实现。

对此人们可能会有一种担忧，即希维尔克和尼达-如美林的解决方案可能会出现约翰·丹纳赫所讨论的那种"惩罚缺漏"。[3] 当一个人由于他者的行为（无论是人类的还是机器人的）而受到伤害时，人们通常倾向于寻找一个人或一些人并对其进行惩罚。但如果一种行为是机器人做出的，丹纳赫认为，由于机器人本身不适合被惩罚，而

---

① 希维尔克和如美林的第一个论点是有问题的，因为反对让制造商负责的实用理由的存在并不一定能证明让他们负责本质上是没有道理的。事实上，在文章的随后部分，二位作者实际上也提出了这一点。在他们看来，在自由民主制的国家中，与责任相关的规范"不应该是后果主义的，本质上应该是义务论的"（第622页）。

② 关于"道德运气"的主张，可参见 Bernard Williams（1982），*Moral Luck*，Cambridge：Cambridge University Press。

③ Danaher, "Robots, Law, and the Retribution Gap,"同前文引。

且也找不到为机器人的行为完全承担责任的人,因此就会产生一个潜在的"惩罚缺漏"。换句话说,人们会有一种想要惩罚某人的强烈冲动,但没有人会成为合适的惩罚对象。许多人可能会发现一般税收或强制保险不足以填补这一惩罚缺漏。

在这些刚刚概述的论点中,最值得注意的一点是,机器人系统被描述为在不受任何特定的人控制的意义上,拥有大量的"自主性"。人们无法预测或控制系统将如何运作,也不能指望他们对系统如何运作给予足够的关注,以便能够对它们进行控制。这些机器人被认为是以其自身的目的独立行动的。因此,让任何人为自动化系统所操纵的机器人行为负责是不公平的。

这里值得注意的是,仅仅是不可预测性和不能完全控制一项技术本身似乎并不能消除用户的责任。如果你有一台在随机算法基础上运行的设备,你知道它很危险,你无法预测和控制,但如果你选择使用这台设备,你就很有可能要为它可能造成的任何伤害负责。这里可能存在一个职责缺漏,似乎需要这样一种情况,即不可预测性和缺乏控制取决于技术中存在着一种重要的自主性或能动性。因此,为了让机器人或自动化系统对人类的责任构成挑战,在某种意义上,它需要成为一个"自主性"的行动者。

但是,大多数自动化系统真的是高度"自主性"的行动者吗?它们可以独立行动,不受人类控制,因此人类就不能对机器人系统可能造成的任何伤害负责吗?我们究竟可以合理地将何种类型的能动性赋予机器人系统(如自动驾驶汽车)?它与相关人类的能动性又有何关系?接下来,我将以另一种方法来思考这些问题。

3.3　行动的不同类型

美国军方的国防科学委员会(Defense Science Board)2012 年度关于自动武器系统的报告为我们提供了关于解读自动机器人系统的

另外一种视角。在一处重要的段落，该报告的作者们如是说：

> 没有完全自动化的系统，就像没有完全自主的士兵、水手、飞行员或海军陆战队……也许对指挥官来说最重要的消息是，所有机器在某种程度上都是由人监督的，最好的能力来自于人与机器的协调与协作。①

在一次关于机器人伦理问题的采访中，大卫·贡克尔如是说：

> 我想说的是，我们在人与机器人的协作中看到的分布式行动是一个很好的基准……也是一个很好的先例，体现了我们对机器及其在世界上的地位在道德和法律方面的发展。②

这两处引文所指向的方向与在上一节中所回顾的论断和引文非常不同。他们指出了"分布式行动"和"人与机器的协调与协作"的方向。我们如何决定这是否是一种更好的方式来看待机器人系统，比如自动武器系统或自动汽车？这就是为什么人们可能会从这些角度，而不是从独立或个人行动的角度思考的原因？要回答这些问题，最好先将视野缩小到稍微抽象一点的水平，并区分各种不同的且或多或少高级的行动形式。③进而，我们可以追问：（a）自动

---

① US Department of Defense Science Board (2012)，"The Role of Autonomy in DoD Systems," https://fas.org/irp/agency/dod/dsb/autonomy.pdf (Accessed on August 22, 2019).

② David Gunkel and John Danaher (2016)，"Episode ＃10—David Gunkel on Robots and Cyborgs," Philosophical Disquisitions Podcast，https://algocracy.wordpress.com/2016/08/27/episode-10-david-gunkel-on-robots-and-cyborgs/(Accessed on August 22, 2019).

③ 谈及抽象层次，卢西亚诺·弗洛里迪(Luciano Floridi)和 J·W·桑德斯(J. W. Sanders) 认为，一般来说，机器人或其他机器是否可以被视为任何类型的行动者——甚至可能是某种道德行动者——取决于我们是在何种抽象层次上思考机器人以及它们与周围世界的互动。参见 Luciano Floridi and J. W. Sanders (2004)，"On the Morality of Artificial Agents," *Minds and Machines* 14(3), 349–379.他们的讨论与最近一本由克里斯汀·利斯特(Christian List)所著的关于自由意志的书有相通之处。利斯特认为，人们拥有自由意志是否有意义的问题，取决于人们是在何种抽象层次上进行思考的。参见 Christian List (2019)，*Why Free Will Is Real*，Cambridge, MA：Harvard University Press。

化系统能够执行哪些形式的行动，以及（b）这些形式是来源于个体的和独立的行动，还是被认为是独特类型的合作或协作的行动？

我在这里采用的方法是功能主义的方法，在这一方法中，不同类型的行动主要是根据高级行动者能够履行的不同功能来分析的。[①] 另一种方法是关注意向性（intentionality）的概念。本书中的"意向性"意指思想具有的指向特定事物的力量或能力，或者，换句话说，是对特定事物具有想法和态度的能力。[②] 例如，想喝咖啡的意向性指向的是喝咖啡的可能性。如果我们从意向性的角度来探讨行动的问题，我们就会问，在什么描述下，表面显现的行为可以被描述为有意向的，或者出于什么原因，行动者可以被解释为正在行为（acting）。[③] 我在一般的能动性问题上没有原则性的不同意见。然而，当涉及我们是否可以将能动性赋予机器人和自动化系统的问题时，似乎最好先调查一下这些系统可以执行哪些功能。

让我们从最基本的行动类型开始。菲利普·佩蒂特在他的一些关于集体行动的论文中使用了一个例子，[④] 佩蒂特设想了一个相当简单的机器人，它能做以下事情：在房间里四处移动，寻找具有特定形状的物体。如果机器人发现了这些物体，它会以特定的方式移动它们（例如，把物体放入一个桶中）。当机器人在房间里没有遇到相关类型的物体时，它会继续移动，直到相关类型的物体出现。佩蒂特认为，机器人的行为给了我们一个关于简单行动类型的例子：以一种对

① Janet Levin（2018），"Functionalism," *The Stanford Encyclopedia of Philosophy*, Edward N. Zalta（ed.），https://plato.stanford.edu/archives/fall2018/entries/functionalism/.

② Pierre Jacob（2019），"Intentionality," *The Stanford Encyclopedia of Philosophy*（Spring 2019 Edition），Edward N. Zalta（ed.），htps://plato.stanford.edu/archives/spr2019/entries/intentionality/.

③ 例如，参见 Elizabeth Anscombe（1957），*Intention*, Oxford：Basil Blackwell, and Donald Davidson（1980），*Essays on Actions and Events*. Oxford：Clarendon Press。

④ 例如，参见 Philip Pettit（2007），"Responsibility Incorporated," *Ethics* 117(2)，171-201，at 178。

环境灵敏的或反应迅速的方式追求目标。

然而，据我们从佩蒂特的例子中所知，如果把机器人放在任何其他环境中，它可能无法行使任何其他类型的行动。所以最简单的行动就是我们所说的：

特定领域的基本行动（domain-specific basic agency）：以表象为基础，在特定的有限领域内追求目标。

更加高级的行动者——可能仍然是基本的行动者——能够在不同领域的基础上追求不同类型的目标。然而，更高级的行动者在追求特定领域的目标时也能够遵循某些规则——做什么和不做什么的规则。[1] 他们的行动受到规则的限制，这些规则阻止行动者以特定方式追求他们的目标，同时允许他们以其他方式追求这些目标。请思考：

特定领域的有原则的行动（Domain-specific principled agency）：在特定的有限领域内，以特定的规则或原则为约束条件来追求目标。

例如，如果我们在从事体育运动，我们当然会追求与我们所做的事情相关的目标（例如，得分）。但我们是以尊重游戏规则的方式来得分。因此，比起单纯地把球或其他东西放在某个特定的地方，我们在行使更高级的行动。

以体育运动为例，我们遵守规则的行动可能会在某些权威（如裁判员）的监督下进行，他们确保我们遵守规则，否则他们可能会介入并阻止我们。一般来说，我们可能在行使：

特定领域的监督和遵从原则的行动（Domain-specific supervised and deferential principled agency）：追求被某些规则

---

[1] Philip Pettit（1990），"The Reality of Rule-Following," *Mind*, *New Series* 99(393)，1-21.

或原则所规范的目标,同时受到某些权威的监督,这些权威可以阻止我们,或者至少在某些有限的领域可以将控制权转让给他们。

这种行动可能被称为非唯我的(non-solipsistic)或社会的,因为它的部分定义是根据与其他行动者的关系决定的。^① 但这仍然不同于我们所说的:

特定领域中负责任的行动(Domain-specific responsible agency):以一种对环境表象敏感的方式追求目标,并受特定规则/原则的监管(在特定的有限领域内),同时有能力理解对自己行动的批评,以及基于个人原则或对个人行动的原则性批评来捍卫或改变自己行动的能力。

这种行动不同于简单地对某些权威负责。负责任的行动意味着即使其他人可能批评你的行动,可能给你理由放弃你正在做的事情,但这也为"坚守立场"留下了可能性,这种可能性是建立在规则或原则的基础上的,一个人认为其他人也可以将这些规则或原则视为规范行为的有效基础。^② 无论如何,这种类型的行动能够回应其他行动者及其观点。因此,负责任的行动也是一种社会嵌入式的行动类别,就像监督和遵从原则的行动一样。但一个重要的区别是,它使不同的行动者处在一个更加平等的基础上。^③ 支持或反对我们自己或他人行为的理由乃是我们不能简单地对彼此发号施令,而是我们处于足够平等的层面,因此我们彼此间需要给出正当理由。^④ 负责任的行

---

① 引自 Frank Dignum, Rui Prada, and Gert Jan Hofstede (2014), "From Autistic to Social Agents," Proceedings of the 2014 International Conference on Autonomous Agents and Multi-Agent Systems, 1161 – 1164.

② T. M. Scanlon, (1998), *What We Owe to Each Other*, Cambridge, MA: Harvard University Press.

③ 引自 Darwall, *The Second Person Standpoint*,同前文引。

④ 引自 Rainer Forst (2014), *The Right to Justification*, New York: Columbia University Press。

动使我们可以共同讨论行动所遵循的原则或标准，而这是监督和遵从原则的行动所不能的。

显然，这些刚刚拟定的行动形式并没有穷尽所有可能的或高级或低级的行动形式。例如，康德主义的哲学家会希望我们增加能动性，包括根据自我采纳的原则行事的能力，我们选择这些原则的基础是，这些原则可以被提升为所有人都遵循的普遍法则。[①] 一些理论家则希望我们讨论在何种描述下，行为是有意向的（intentional），或者去解释行动者的行为所建立的基础是什么。[②] 但是，就本章的目的而言，刚才概述的不同类型行动的范围已经足够了。它（a）有助于说明存在着许多不同类型的行动，其中有些类型比其他类型复杂得多；（b）并且为我们提供了充足的抽象理论，以研究自动驾驶汽车或自动武器系统等自动化系统是否属于某种更复杂的、能够独立行为的行动者。现在，让我们以自动驾驶汽车为主要例子，探究一下这样的自动化系统能行使什么类型的能动性。进而，我们可以讨论这种类型的能动性是自动化的还是独立的行动，还是最好把它看作是协作或协调的行动。

3.4 自动驾驶汽车 VS 小孩子，个体行动 VS 协作行动

自动驾驶汽车是否具有特定领域的基本行动能力？也就是说，自动驾驶汽车是否能够在特定的活动领域内，以一种环境敏感的方式来追求目标？一辆自动驾驶汽车能够在其所处的环境中导航，从而实现交通目标：到达预定的目的地。自动驾驶汽车之所以能够这样是因为它对周遭环境作出了敏感的反应：由汽车的传感器和汽车

① 例如，参见 Christine Korsgaard（2010），*Self-Constitution*，Oxford：Oxford University Press。

② 引自 Anscombe，*Intention*，同前文引，和 Davidson，*Essays on Actions and Events*，同前文引。

内部环境模型产生。① 故而,我们似乎可以把特定领域中基本的能动性赋予自动驾驶汽车。②

那么自动驾驶汽车是否能够遵循原则而行动呢? 自动驾驶汽车被设定为严格遵守交通规则,并以受交通规则限制的方式实现其目标。③ 所以,我们似乎也可以把遵循原则的能动性赋予自动驾驶汽车——至少是在交通这一特定领域之内(然而,正如我将在第 7 章中讨论的那样,人是否遵循原则与机器人是否遵循原则存在道德上的差异)。

自动驾驶汽车的行动是否受到任何权威机构的监督? 谁有权力去接管或阻止汽车正在做的事情? 汽车对谁是遵从的? 显然,根据自动驾驶汽车所采取的工程理念的不同,汽车所显现出来的技术细节也不尽相同。④ 但无论是在车里的人能够接管部分或全部驾驶功能,还是由监控汽车性能并根据需要更新软件和硬件的工程师接管汽车的驾驶功能——总是有个人会充当监督员的角色,自动驾驶汽车永远听从他的指令。在前一章的末尾我们提到总会有人对汽车具有掌控权。所以我们可以得出这样的结论,我们可以把遵从原则的能动性赋予自动驾驶汽车,这一能动性是一种受到监督并服从指令的行动类型。⑤

自动驾驶汽车不能行驶的是负责任的行动。汽车没有能力参与

---

① 例如,参见 Chris Urmson (2015),"How a Self-Driving Car Sees the World,"*Ted*,https://www.ted.com/talks/chris_urmson_how_a_driverless_car_sees_the_road/transcript(Accessed on August 22, 2019),和 Sven Nyholm and Jilles Smids,"The Ethics of Accident Algorithms for Self-Driving Cars,"同前文引。

② 引自 Pettit,"Responsibility Incorporated,"同前文引,第 178 页。

③ Roald J. Van Loon and Marieke H. Martens (2015),"Automated Driving and Its Effect on the Safety Ecosystem: How Do Compatibility Issues Affect the Transition Period?" *Procedia Manufacturing* 3,3280 – 3285.

④ 引自 Urmson,"How a Self-Driving Car Sees the World,"同前文引,和 the Tesla Team,"A Tragic Loss,"同前文引。

⑤ 引自 Mindell,*Our Robots*,*Ourselves*,同前文引。

到关于赞成或反对其行为之理由的讨论中。它亦不能像一个有责任感的人那样对自己的行为负责。[①] 未来的机器人或许会达到这一步，但是目前还无法达到。因此，把责任推卸给自动驾驶汽车并不明智，也不恰当。然而，我们可以把基本的、遵循原则的、受监督的、服从指令的能动性赋予自动驾驶汽车。

我们可以把上述情况与小孩子的情况作比较。小孩子可以以一种对环境作出反应的方式来追求目标（比如，走到房间的另一边去拿玩具）。小孩子也能够遵循父母的指令行事。这样，小孩子就会受到父母的监管，并遵从于父母，父母就是小孩子的权威。但最有可能的是，小孩子还不是一个负责任的行动者，他们不能清晰地表达赞成或反对自己行为的论点、理由和原则，也不能像负责任的成年人（如父母）那样对不同行为方式的优点进行斟酌。当然，小孩子很快就会获得这种能力，但现阶段还没有。[②] 因此，在某种程度上，小孩子的行动可以与自动驾驶汽车的行动进行比较，尽管小孩子所能执行的行动远不如自动驾驶汽车那样具有领域的特异性。[③]

现在来考虑另一个区别：即，个体行动和协作行动之间的区别。简单地说，前者就是自己做事情的能力，不一定需要与他人协作；后者是指与他者（某个或一组行动者）一起做事情的能力。[④] 接下来，我们将考虑两种不同类型的遵从指令的行动和受监督的行动。

再重复一遍，如果有某种权威在监督某个人的行动，那么这个人

① 引自 Purves et al.，"Autonomous Machines, Moral Judgment, and Acting for the Right Reasons，"同前文引，860-861。
② 引自 Paul Bloom (2013)，*Just Babies*，New York：Crown。
③ 类似的，但我认为不太可信的是，斯派洛在《杀手机器人》（"Killer Robots"）一文中将自动化的军用机器人与童兵相比较，同前文引。
④ 例如，参见 Margaret Gilbert (1990)，"Walking Together: A Paradigmatic Social Phenomenon，" *Midwest Studies in Philosophy* 15(1)，1-14；Pettit，"Responsibility Incorporated，"同前文引；以及 Christian List and Philip Pettit (2011)，*Group Agency: The Possibility, Design, and Status of Corporate Agents*，Oxford：Oxford University Press。

就在行使遵从指令和受监督的行动,而且监督者能够随时接管或阻止被监督者的所作所为。这一行动可以是(a) 由行动者根据他/她自己的目标/愿望发起的,也可以是(b) 由另一方根据其目标或愿望发起的。

比如说,如果小孩子在父母的监管下玩玩具,小孩子这样做可能是因为他想玩玩具。这是由小孩子这一行动者发起的遵从指令和被监督的行动。另一个例子是,父母教小孩子做园艺(比如清除落叶),在这个过程中,父母会照看小孩子,以确保小孩子的园艺工作符合父母的要求。现在让我们将这两个例子与个体行动和协作行动之间的区别联系起来。

当小孩子在父母的监管下自主地玩玩具时,这就是个体行动的例子。小孩子在自己玩儿,尽管父母时刻警惕地看着小孩子。相比之下,当小孩子在父母的指导下做园艺时,父母会监督小孩子以确保小孩子以正确的方式做园艺,这就是协作行动。小孩子是在为父母设定的目标服务。父母扮演着监督者的角色,监督并调节着小孩子的园艺行为。即便小孩子"做了大部分的工作",这仍然是一种协作行动,而不是小孩子纯粹的个体行动。

我们现在可以回到自动驾驶汽车可以行使的遵从指令和受监管的行动中来。让我们来探究一下,自动驾驶汽车的行动是自发的(self-initiated)还是他发的(other-initiated)。我们在这里感兴趣的是,自动驾驶汽车是否能够行使一种独立的或个体的行动,还是它能够行使一种依赖性的或协作性的行动。

当然,汽车不会选择自己的主要出行目标(例如,去杂货店)。目标将由希望乘车出行的人来设定(例如,需要买一些食品杂货的人)。汽车也不会设定与诸如安全或交通规则有关的目标;这些目标将由汽车设计师和立法者来设定。① 因此,汽车被监管和遵从指令的行动

———————————

① 引自 Mindell, *Our Robots*, *Ourselves*,同前文引。

是对他人行动的回应。因此，汽车所行驶的乃是一种协作行动——即使汽车可能做了"大部分的工作"。也就是说，目标是由另一个权威行动者所设定的。这个权威会监督汽车的运行，如果他/她对汽车运行的方式不满意，他/她会阻止汽车的行动或接管汽车。[①] 因此，自动驾驶汽车的被监管的和遵从指令的行动是一种协作的行动类型。汽车为人的目的和偏好服务，并在人的权威监管之下行事。故而自动驾驶汽车的行动并不是一种独立的或个体类型的行动，即使它确实是一种相当复杂的行动类型。[②]

类似地，军用机器人是根据指挥官设定的战略目标行动的，并服务于更普遍的军事行动的总体目标。它的性能将由指挥官以及它的设计师和工程师进行监管。如果军用机器人开始表现出指挥官认为不适当的行为，要么就会停止使用机器人，要么就会要求设计师和工程师更新机器人的硬件和软件。[③] 考虑到这些因素，我们不应该认为军用机器人能够行使独立的行动。相反地，当我们把能动性赋予机器人时，我们应该认为它在行使被监督和遵从指令的协作行动。也就是说，机器人与人相互协作，并且处于人的监管之下。

3.5　协作行动与责任位点

现在让我们把责任问题重新引入我们的讨论中。为了做到这一点，让我们从另一个涉及成年人与孩子行为的案例开始，这次不是做像园艺这样天真无邪的事情，而是一些更值得思考的事情。思考一下这个假想的情况：

案例 1：一个大人和一个小孩一起抢劫银行，在大人的激励

---

① 引自 Mindell，*Our Robots，Ourselves*，同前文引。

② 引自 Bradshaw et al.，"The Seven Deadly Myths of 'Autonomous Systems，'"同前文引。

③ US Department of Defense Science Board，"The Role of Autonomy in DoD Systems，"同前文引，第 24 页。

下,持枪的小孩做了大部分的"工作"。大人监督抢劫活动,如果需要的话,他会介入并开始对孩子发号施令。

这里大人与小孩都参与了协作活动。但在这种情况下,当涉及为这种协作划定责任时,似乎相当清楚的是,这里有一方有责任,而另一方可能没有责任,即使他做了大部分工作。在这一案例中,大人是负责任的一方,因为大人是这一协作行动的发起者、监督者和管理者。与小孩不同,大人是一个完全负责任的道德主体。[①] 在这个协作行动的例子中,小孩虽然做了大部分工作,但无法负责,大人则应该为银行抢劫负责。

现在让我们来思考另一个案例,在引论中提到的特斯拉案例:

> 案例 2:一个人乘坐一辆自动驾驶汽车,汽车处于"自动驾驶"模式。人在监督汽车驾驶,如果需要的话,人会接管汽车,或发出不同的驾驶指令。

在这一案例中,大部分工作不是由相关的负责任的行动者(人)完成的,而是由相关的另一方(汽车)完成的。考虑到汽车的行为是由人监督的,而且人会在他觉得有必要时接管汽车,或者发布不同的指令,那么根据特斯拉公司所支持的案例来追究责任是有道理的。也就是说,假设这里的人类操作员以主动监督者的角色与汽车协作,那么将人类视为协作的责任方是有道理的。

接下来思考一个更接近于本章开头谷歌汽车的例子:

> 案例 3:一个人乘坐一辆自动驾驶汽车,汽车的性能受汽车设计者与制造者监督,设计者和制造者会定期更新汽车的硬件和软件,以使汽车的性能符合在交通状况下运行的参数和标准。

当我们以这种方式考虑汽车的性能——即,汽车的性能处在设

---

① 见第 8 章 Norvin Richards(2010),*The Ethics of Parenthood*,Oxford:Oxford University Press 和 Sparrow,"Killer Robots,"同前文引。

计者和制造者的密切监督之下，如果他们认为有必要，他们将停止汽车的运行并更新其硬件和软件——似乎直觉上，汽车背后的工程师是人-机器人协作的关键一方。从这个角度来看，当汽车参与人-机器人协作时，制造并更新汽车的人似乎是负责汽车运行的主要责任位点（main loci of responsibility）。

让我们再回到自动武器系统，并考虑下述情况：

> 案例4：军用机器人能够在"自动"模式下运行。指挥官设定机器人应该达成的目标，如果机器人无法帮助指挥官实现这些目标，指挥官就会停止使用它。

在这里，机器人参与到与人类的协作中，其目标就是军事目标。如果人们觉得目标没有以他们满意的方式实现，他们就会停止使用这个机器人。与之前一样，机器人可能在人-机器人协作中完成大部分工作，但人类仍然是责任方。① 机器人并不是以其自身的主动性独立行动，而是以被监管和听从指令的方式与指挥官协作。这个案例与案例2中的特斯拉式场景有明显的相似之处。

我们接下来再来思考：

> 案例5：军用机器人能够在"自动"模式下运行。它的设计者会密切关注指挥官对机器人的运行状况是否满意。如果不满意，设计者和工程师将会对机器人的硬件和软件进行更新，以使其性能更好地满足指挥官的使用偏好。

与之前的分析一样，这仍然属于人-机器人协作的范畴，机器人并不是在人类掌控和责任范围之外的独立的行动者。当我们认为军用

---

① 关于"指导责任"（command responsibility）的概念参见 Joe Doty and Chuck Doty（2012），"Command Responsibility and Accountability," *Military Review* 92（1），35–38，以及其他著作 Nehal Bhuta, Susanne Beck, Robin Geiß, Hin-Yan Liu, and Claus Kreß（2015），*Autonomous Weapons Systems: Law, Ethics, Policy*, Cambridge：Cambridge University Press。

机器人不仅受到指挥官的监管,而且还受到其设计者和工程师的监管时,我们有必要思考究竟何人才是机器人运行的主要责任方。我们主要考虑的应该是这一问题,而不是机器人的行为不受人类控制和监管所导致的所谓职责缺漏问题。

相比之下,如果一个军用机器人突然进入人类战场并开始参与战斗,那么可能会有一个真正的职责缺漏问题,因为我们不清楚参与战争中的何人会对机器人的运行负责。然而,如果军用机器人被军事工程师和指挥官推向战场,他们与人类通力协作,从而增强人类的战争效能,那么关键的问题就在于,在与机器人协作的这些人当中,哪一方要为机器人的运行负最大的责任。毫无疑问,参与到这种协作中的人皆担负重大责任。也就是说,除非机器人能够完全独立地参与到人-机器人协作的行动中,否则责任方仍然在参与其中的人类。因此,把责任归咎于主要参与人这一点,不应有任何怀疑。

这里最困难的问题是,人类对机器人协作者可能造成的不良后果负有何种重大责任。与军事语境不同,并不是所有的人类参与者都明显地参与共同协作中,故而确定人类的应担职责会更加困难。要理解这一点,请考虑案例 3 中乘坐自动驾驶汽车的人。想象一下,并非像在本章开头所说的谷歌汽车发生碰撞的案例,汽车里的人并不属于制造汽车并不断更新汽车软硬件的公司员工。[①] 汽车驾驶员可能已经买了这辆车,但汽车公司仍然定期监测他们生产的汽车的性能,经常更新汽车的软件,有时也更新它的硬件。这可以理解为:汽车服务于车主更特定的出行目标(例如,去杂货店),但它的运行方式在一定程度上受到生产和更新这类汽车的公司的监管,并服从于该公司。就手段和目的而言,我们可以说车主决定着目的,但汽车公司决定着达到目的的手段。

在这一情况下,汽车与车主和制造商共同协作。在与车主协作

---

① 在之前描述的谷歌公司的案例中,自动驾驶汽车中的两个人是谷歌公司的员工,他们正在对车辆进行测试。

的意义上，它是在帮助实现车主的出行目标；在与汽车公司协作的意义上，它是在帮助他们为客户提供服务。这就使得我们很难确定在这些协作的场景中，谁应该为汽车的运行负最大的负责。而且，这可能也会让人很难确定谁应该为汽车的哪些行为负责。

这些都是非常棘手的问题，我不想在这里解决它们。[①] 因为他们显然需要更广泛的讨论。我将提出几个关键问题，当我们更系统地思考在这种人-机器人协作中关键的责任位点在哪里时，我们应该讨论这些问题。这些重要问题包括：

- 谁会监督与（直接或间接地）控制汽车在自动驾驶模式下运行？
- 谁能够发动、接管或至少停止汽车的运行？
- 在自动驾驶模式下，汽车符合谁的驾驶偏好与风格？
- 谁更适合观察和监控汽车在道路上的实际行为？
- 谁至少在"宏观层面"上对汽车的功能了如指掌？

我们还应该关心谁拥有权利，比如对汽车的所有权。除此之外，我们还应该研究不同的人所扮演的角色。[②] 并非所有人的责任都依赖直接控制或即时行动。许多人的责任也取决于权利的享有（例如，所有权）和我们所扮演的角色。因此，有关人类所享有的权利和所扮

---

① 关于进一步的讨论，可参见 Roos De Jong（2019），"The Retribution-Gap and Responsibility-Loci Related to Robots and Automated Technologies：A Reply to Nyholm," *Science and Engineering Ethics* 1－9，online first at https://doi.org /10.1007/ s11948-019-00120-4. 关于德容（De Jong）讨论的一条评论：在她的文章中，德容将我的观点解释为一种技术工具论，根据这种理论，所有的机器人和其他技术都被理解为工具。在我看来，对于像自动驾驶汽车这样的机器人，这种观点是正确的。然而，在社交机器人的案例中，特别是在外貌和行为方面类人的机器人，技术工具论似乎并不那么让人信服。换句话说，我认为我们不应该从技术工具论的角度来思考所有的机器人和所有的技术。我将在第 8 章中进一步说明我的观点。

② 引自 Peterson，"New Technology — Old Law,"同前文引；Guerney，"Sue My Car Not Me：Products Liability and Accidents Involving Autonomous Vehicles,"同前文引；以及 Orly Ravid（2014），"Don't Sue Me, I Was Just Lawfully Texting and Drunk When My Autonomous Car Crashed into You," *Southwest Law Review* 44(1)，175－207。

演的角色的考虑也影响到谁对人-机器人协作负有最大的责任。[①]

同样地,当涉及到自动化的军用机器人时,我们应该始终从人-机器人协作的角度考虑它们的功能,并在试图确定谁对这些机器人的行为负责时,提出以下问题:

- 谁会监督与(直接或间接地)控制军用机器人在自动驾驶模式下的运行?
- 谁能够发动、接管或至少停止军用机器人的运行?
- 在自动驾驶模式下,自动机器人的功能符合谁的偏好?
- 谁更适合观察和监控军用机器人在战场上的实际行为?
- 谁至少在"宏观层面"上对军用机器人的功能了如指掌?

这些是我们应该更仔细地讨论的问题,以避免由斯派洛在他的"杀手机器人"(killer robots)的讨论中提出的对职责缺漏问题的担忧。[②]

刚刚提出的关于自动驾驶汽车和军用机器人的问题,适用于某

---

① 技术哲学家菲利波·桑托尼·德西奥(Filippo Santoni de Sio)和杰伦·范登霍温(Jeroen van den Hoven)讨论了他们所谓的对自动驾驶汽车和军用机器人"有意义的人类控制"。他们从两个方面分析了自动化系统处于这种控制下的情况。第一个条件("跟随"条件)是机器人的行为应该符合人类所希望的道德标准。第二个条件("追踪"条件)是,至少应该有一个人了解技术是如何工作的,以及使用技术潜在的道德影响。如果这两个条件都成立,在德西奥和范登霍温看来,机器人就受到了人类有意义的控制。或者更确切地说,除非符合这两个条件,否则机器人就不处于有意义的人类控制之下。也就是说,这两个条件是对机器人进行有意义的人类控制的必要条件。但就目前而言,德西奥和范登霍温就这两个条件是否同时也是充分条件并没有明确的意见。故而,他们的分析是否忽视了什么?我所忽视的是类似于德布斯在她关于控制的讨论中所说的"干预条件"的存在(参见 Debus, "Shaping our Mental Lives",同前文引)。也就是说,在我看来,除非有某种干预可以阻止或重新指引机器人,否则我们就不能说人类对机器人有意义的控制。我还忽视了被称为"监控的条件"(monitoring condition)。为了让机器人处于有意义的人类控制之下,在我看来,不仅应该有人进行干预,还应该有人监控和跟踪机器人,并决定是否有必要进行干预。相关讨论参见 Filippo Santoni de Sio and Jeroen Van den Hoven(2018), "Meaningful Human Control over Autonomous Systems: A Philosophical Account," *Frontiers in Robotics and AI*, https://www.frontiersin.org/articles/10.3389/frobt.2018.00015/full。

② Sparrow, "Killer Robots,"同前文引。

些人类对自动系统有一定的控制或至少能够关闭它们的情况。根据我们人类的偏好和对可能需要改进的地方的判断，它们适用于有可能更新或改变相关技术的情况。有人可能会问，在这些条件不成立的情况下，我们应该如何考虑。也就是说，如果我们完全失去了对我们使用的自动系统的控制，或者我们无法关闭它们时，该怎么办？如果它们做了我们不想让它们做的事，而我们又无法阻止它们时，该怎么办？这里有一些关于这些问题的看法。

当我们考虑对自动驾驶汽车和当前军用机器人等自动化系统的责任时，我们不应该把这些我们可以控制的系统的责任建立在对其他可能出现的机器人或其他我们无法控制的自动系统的担忧之上。相反，我们应该区分我们可以控制（即使是间接控制）和我们可以更新的技术的责任，以及我们可能无法控制和更新的技术的责任。至于自动驾驶汽车或自动武器系统等技术，我们必须设计和使用我们能够控制、能够更新或至少能够停止的系统。这些技术正是本文所分析的，也就是说，从人与机器人协作的角度来思考是有意义的，人类对驾驶负责，而机器人协作者则处于人类的监管之下。在这种情况下，机器人行动的协作本质以及人类和机器人各自扮演的角色有助于确定责任的定位。

然而，正如在本章开头中所提到的，我们不应该在机器人的行动伦理和人类责任的伦理学中使用"一刀切"的方法。我们还应该承认，在某些情况下，人类可能会失去对高级自动机器人的控制，这些机器人不能被视为是在与人类协作，而且确实出现了真正的职责缺漏问题。例如，如果一个原本由某人控制的系统遭到黑客攻击和篡改，那么那些正常使用该系统的人可能会失去对该系统的控制。[①]上述讨论并不是要否认这种情况的发生。相反，这里的论点是，当我们创建和使用自动驾驶汽车和军用机器人等技术时，合适的分析框

---

① 引自 Michal Klincewicz (2015)，"Autonomous Weapons Systems, the Frame Problem and Computer Security," *Journal of Military Ethics* 14(2)，162-176。

架应该是一种层级分类式的协作行动(collaborative agency of a hierarchical sort),在这种行动中,某些负责任的人扮演着监督者或指导者的角色。我们还应该发展理论框架来对责任和行动进行分析,这些框架适用于技术失控的情况,以及人类和自动化系统无法明显地相互协作的情况。但这些并不是上面讨论过的案例类型。

3.6 结论

上面得出的关于机器人、小孩子和成人之间的差异性可以用下表来说明,表中以自动驾驶汽车为例来说明我们在这里可能关注的各种机器人:

表 3.1 自动驾驶汽车、小孩子、成人的行动差异

	自动驾驶汽车	小孩子	成 人
(特定领域)基本行动	是	是	是
(特定领域)原则行动	是	是	是
(特定领域)监督和遵从原则的行动	是	是	是,但也能够在不遵从和不受监督的情况下行动
(特定领域)负责任行动	否	否	是
能够行使个人/独立的行动	否	是	是
能够参与到协作行动中	是	是	是
有能力在合作行动中扮演负责任的管理者角色	否	否	是

本章并不自诩已经解决了关于如何在人-机器人协作类型中合理分配责任的问题。显然,如果要就此提出得到充分支持的、全面的观点,需要做更多的工作。前一节已经提出了一系列我们在考虑这一

紧迫问题时应该提出和进一步研究的问题。

以上章节试图建立的主要观点是，当我们将能动性赋予机器人——如自动汽车或自动武器系统时——我们总是认为这种行动发生在人类与机器人的协作关系中。依本章所述，这就是我们想要在这些特殊类型的机器人中实现的行动。事实上，这也许是在机器人当中所实现的唯一一种行动形式。[1] 在其他情况下，则有不同的机器人行动形式的主张。如果你想要创造一个机器人伴侣——一个机器人朋友或机器人爱人——那么创造一个能够行使更自主和更独立的行动形式的机器人可能会更有意义。[2] 但是对于载我们出门或帮我们打仗的机器人和自动化系统来说，我们所希望的是拥有能与我们协作、服从我们、受我们监督和管理的机器。

---

① 引自 Mindell, *Our Robots, Ourselves*，同前文引。

② 参见 Sven Nyholm and Lily Frank（2017），"From Sex Robots to Love Robots: Is Mutual Love with a Robot Possible?" in Danaher and McArthur, *Robot Sex*，同前文引。

第 4 章

人-机器人协调：以混合交通为例

4.1　导论

就像在第3章开头中所表明的那样,涉及自动驾驶汽车的撞车事故始于2015年。大多数早期的事故都相对较小。但从2016年开始,发生了一些致命的撞车事故,有人在自动驾驶汽车内死亡(特斯拉的案例[1]),也有人在自动驾驶汽车外死亡(优步的案例,一名行人被撞身亡[2])。2018年12月,《纽约时报》报道了那些正在测试实验型自动驾驶汽车的人必须考虑到另一个复杂因素——一个可能更出乎意料的复杂因素。[3]在亚利桑那州,也就是发生第一个行人被一辆实验型自动驾驶汽车撞死事故的州。事故发生后,社会公众向自动驾驶汽车投掷石块,划破汽车的轮胎,有时还用威胁的方式对它们挥舞着枪。为什么有些亚利桑那人做出这些举动?显然,他们不喜欢自己的公共道路被当作自动驾驶汽车的试验场。其中一个人,也就是奥波卡(O'Polka)先生说:"他们说他们需要现实世界的实例,但我不想成为他们在现实世界中的错误。"[4]

---

[1] 我在这里说"特斯拉案例",是因为即便我在上一章的开头只提到了一起关于特斯拉汽车自动驾驶仪出故障的致命案例,但仍然有其他的案例。参见 Andrew J. Hawkins (2019),"Tesla's Autopilot Was Engaged When Model 3 Crashed into Truck, Report States: It Is at Least the Fourth Fatal Crash involving Autopilot," *The Verve*, https://www.theverge.com/2019/5/16/18627766/tesla-autopilot-fatal-crash-delray-florida-ntsb-model-3 (Accessed on August 23, 2019)。

[2] Levin and Wong, "Self-Driving Uber Kills Arizona Woman in First Fatal Crash involving Pedestrian,"同前文引。

[3] Simon Romero (2018), "Wielding Rocks and Knives, Arizonans Attack Self-Driving Cars," *New York Times*, https://www.nytimes.com/2018/12/31/us/waymo-self-driving-cars-arizona-attacks.html (Accessed on August 23, 2019).

[4] 同上。

就像这一例子所表明的那样，当我们尝试把机器人引入人类活动时，就会有各种各样的人-机器人协调（human-robot coordination）①的难题。一方面，我们需要让人类和机器人以一种协调良好的方式进行互动，以实现好的结果，避免出现坏的结果（例如，人被伤害或杀死）。另一方面，我们需要以一种让受众能够接受和满意的方式去开展人与机器人的协调配合。

将这一点与第 1 章中提出的问题联系起来，即是否存在人类有理由去适应机器人的情况——而不是让机器人适应人类——本章将重点关注混合交通。这里的"混合交通"指的是既包含自动驾驶汽车，也包含传统的由人驾驶汽车的交通状况。我认为，如果自动驾驶汽车最终实现了比普通汽车更安全的承诺，那么至少在某些方面，这很可能是一个更好的伦理解决方案，那就是尝试让人类行为适应机器人行为。②

正如我在第 1 章中所说的，我认为默认的道德选择应该是寻找让机器人和人工智能适应人类的方法。但我们也应该研究，是否存在某些情况，让人类去适应机器人和人工智能，可能对我们有益处。如果存在这样的情况——并且让人类适应机器人和人工智能的方法是特定领域的，在很大程度上是可逆的，而且不会太有侵犯性——那么道德上更佳的选择可能是以任何对我们有益的方式，让人类的行为来适应机器人的行为。虽然我在本章中特别关注混合交通，但我希望这个讨论可以作为一个说明性的案例研究，让我们也可以在其他领域针对机器人提出同样的问题。

---

① 本章所谓"人-机器人协调"与上一章所谓"人-机器人协作"（human-robot collaboration）意思相近，都有人与机器人相互合作、配合之意。通读全书，作者也并没有严格意义上区分这两个概念。但有一点值得说明，本章所谓"人-机器人协调"，更侧重于人的行动与机器人行动的相互兼容和匹配。——译者注

② 引自 Robert Sparrow and Mark Howard（2017），"When Human Beings Are Like Drunk Robots: Driverless Vehicles, Ethics, and the Future of Transport," *Transport Research Part C: Emerging Technologies* 80，206 - 215.

与前一章一样，本章也是对自动驾驶伦理（ethics of automated driving）这一新领域的贡献。① 本章最直接的目的是主张该领域应该非常认真地对待混合交通，更普遍的目的是为更广泛的主张提供一个概念论证，即在某些情况下，为了我们自己的利益，我们应该尝试让人类适应机器人和人工智能。关于更直接的目标，我想指出的是，在如何实现自动驾驶汽车与人类驾驶汽车之间的兼容性方面，存在着一些独特的伦理问题，这些问题并不能归结为在自动驾驶的伦理问题中讨论最多的主要问题。也就是说，在兼容性方面，存在着伦理问题，这些问题并不能归结为自动驾驶汽车应该如何被编程以避免车祸场景，或者当自动驾驶汽车发生车祸时谁该负责（这是自动驾驶伦理问题中最常讨论的两个话题）。② 自动驾驶的伦理问题还需要解决其他关键问题。其中一个问题是构建负责任的人与机器人的协调关系：即如何调整自动驾驶和人类驾驶的关系，以使其与重要的伦理价值和原则相符合。

有人可能会认为这个问题是微不足道的。最终，我们的道路上可能只有自动驾驶汽车，所以这只不过是过渡期的担忧。对此，我的回应如下。即使高度自动化或完全自动化的汽车在较远的未来将主导道路，仍然存在着一个相当长的过渡时期，在这个时期内，混合交通仍将是一个需要解决的问题。③ 我们也不应该想当然地认为，所有车辆的全自动化是我们必须朝向的目标。④ 混合交通可能意味着不

---

① 我提供了一种对自动驾驶伦理问题的概览，并特别关注与自动驾驶汽车相关的撞车事故的伦理问题，参见 Sven Nyholm（2018），"The Ethics of Crashes with Self-Driving Cars：A Roadmap, Ⅰ," *Philosophy Compass* 13(7)，e12507，和 Sven Nyholm（2018），"The Ethics of Crashes with Self-Driving Cars, A Roadmap, Ⅱ," *Philosophy Compass* 13(7)，e12506。亦可参见 Sven Nyholm（2018），"Teaching & Learning Guide for：The Ethics of Crashes with Self-Driving Cars：A Roadmap, Ⅰ-Ⅱ," *Philosophy Compass* 13(7)，e12508。

② 同上。

③ Van Loon and Martens, "Automated Driving and Its Effect on the Safety Ecosystem：How Do Compatibility Issues Affect the Transition Period?"同前文引。

④ Mindell, *Our Robots, Ourselves*,同前文引。

同级别和不同类型的自动化汽车在道路上会相互作用。① 一般来说，机器人的自动化通常会或多或少地涉及功能自动化和不同类型的自动化，这都取决于在相关领域中如何实现最佳结果。在某些领域，完全自动化的机器人有时可能不如部分自动化的机器人实用和受欢迎，而且成本也会更高。② 我们有时可能不希望任何机器人或机器来接手某些人类任务，比如照顾孩子。③

那么，在大部分的混合交通中，将会有不同类型的、处于自动化的不同层级的汽车在公路上行驶。此外，自动驾驶汽车④还必须与行人、动物、骑行者和摩托车驾驶员的行为协调一致。⑤ 这将产生两种严重的后果，与我们今天所看到的类似。第一，不同类型的汽车在运行和相互作用的方式上会存在不协调性，这将产生新的交通风险。第二，道路上的车辆会有不同的碰撞风险水平：某些类型的汽车会对其他车辆构成更大的威胁；当车祸发生时，某些类型的汽车会比其他汽车更安全。⑥ 这些观察结果也可能推广到人机交互的其他领域：一

① Walther Wachenfeld, Hermann Winner, J. Christian Gerdes, Barbara Lenz, Markus Maurer, Sven Beiker, Eva Fraedrich, and Thomas Winkle (2015), "Use Cases for Autonomous Driving," in Markus Maurer, J. Christian Gerdes, Barbara Lenz, and Hermann Winner (eds.), *Autonomous Driving: Technical*, *Legal and Social Aspects*, Berlin: Springer; and Quan Yuan, Yan Gao, and Yibing Li (2016), "Suppose Future Traffic Accidents Based on Development of Self-Driving Vehicles," in Shengzhao Long and Balbir S. Dhillon (eds.), *Man-Machine-Environment System Engineering*, New York: Springer.

② Mindell, *Our Robots*, *Ourselves*, 同前文引，和 Royakkers and Van Est, *Just Ordinary Robots*, 同前文引。

③ Noel Sharkey and Amanda Sharkey (2010), "The Crying Shame of Robot Nannies: An Ethical Appraisal," *Interaction Studies: Social Behaviour and Communication in Biological and Artificial Systems* 11(2), 161 – 190.

④ 作者这里的原文是"机器人汽车"(robotic cars)。在本书中，机器人汽车指的就是自动驾驶汽车，作者时常交叉互用。但为了翻译的前后一致性，本书一律将"机器人汽车"翻译为"自动驾驶汽车"。——译者注

⑤ 和人类驾驶的传统汽车一样，行人、动物和骑自行车的人也不像机器人那样行为。因此，这些是进一步的人-机器人协调问题(包括动物-机器人协调的问题！)。

⑥ 引自 Douglas Husak (2010), "Vehicles and Crashes: Why Is This Issue Overlooked?", *Social Theory and Practice* 30(3), 351 – 370.

方面,不同的机器人之间的互动方式,以及它们与人类的互动方式之间,都存在不协调性。另一方面,不同的机器人给人类带来的风险类型有所不同。根据这两个观察结果,我在本章讨论混合交通时将做以下三件事。

第一,我会概括地描述为什么在自动驾驶和人类驾驶之间会有不协调的地方。也就是说,我会描述为什么我认为自动驾驶汽车的机器人功能和人类的驾驶风格会导致协调性问题,这意味着有必要考虑如何在混合交通中实现更大的协调性。这就把我们带到了我要做的第二件事,那就是展示一些主要的选择,如何在这个领域实现更好的人与机器人的协调。第三,我会简要地阐释在混合交通中如何使机器人汽车和传统汽车实现更大的协调性时,我们需要处理何种类型的伦理问题和伦理挑战。例如,一方面我会考虑与尊重人的自由和尊严有关的事项,另一方面也会考虑提升安全的积极责任,以及以负责任的方式防范风险。

4.2 混合交通中的人-机器人协调问题

人与机器人之间产生不协调的问题是非常好解释和理解的。[①]相互协调的问题与自动驾驶汽车和人类驾驶员作为行动者(即,作为根据特定目标、表象和原则行动的实体)的不同行动方式有关,也与自动驾驶汽车和人类驾驶员对道路上的其他车辆形成预期的不同方式有关。在解释这些不协调性时,我将从实现目标的方式上的关键差异开始,继而讨论自动驾驶汽车和人类驾驶员形成预期的方式的差异。

---

① Van Loon and Martens, "Automated Driving and Its Effect on the Safety Ecosystem: How Do Compatibility Issues Affect the Transition Period?"同前文引。Yang et al., "Suppose Future Traffic Accidents Based on Development of Self-Driving Vehicles,"同前文引。

首先，自动驾驶汽车至少有一种基本的人工或机械的行动，正如我在前面的章节中所论证的那样，自动驾驶汽车所追求的目标，是以一种响应它们所处操作环境的不断更新的表征的方式来实现的。它们是由人类行动者所设计的机器人行动者。更具体地说，自动驾驶汽车被设计成以最安全、最省油、最省时（例如，通过减少拥堵）的方式到达目的地。[①] 和许多其他机器人一样，工程师在设计机器人时的目标往往是创造一种更优的方式来执行给定的任务。在这种情况下，设计自动驾驶汽车的目标是创造一种更优的驾驶方式。

这一最优目标对自动驾驶汽车的驾驶风格产生了深远的影响，使其与大多数人类驾驶员截然不同。例如，为了实现燃油效率和避免拥堵，自动驾驶汽车不会大力加速，刹车时也非常缓慢。它们加强安全性的驾驶风格包括避免危害安全的危急情况的发生，例如，在超车前，跟在骑自行车人后面的时间更长。[②] 更普遍地说，至少在目前，自动驾驶汽车经过编程，在大多数情况下都会非常严格地遵守交通规则。这些交通规则的一个主要功能就是增强安全性。因此，在目前的工程理念下，自动驾驶汽车总是在需要时让道，避免超速，总是在停车标志前停车，等等。[③] 如果自动驾驶汽车最终不能在大多数驾驶任务上比人类做得更好，那么我们就没有任何显著的理由将驾驶任务委托给自动驾驶系统。

让我们考虑一下自动驾驶汽车与人类驾驶员的对比。当然，人类也是在必须充分感知和应对交通状况下追求驾驶目标的行动者。人类的驾驶行为也是根据原则和驾驶规则的。[④] 与自动驾驶汽车不

---

① Van Loon and Martens, "Automated Driving and Its Effect on the Safety Ecosystem: How Do Compatibility Issues Affect the Transition Period?"同前文引。

② Noah J. Goodall (2014), "Machine Ethics and Automated Vehicles," in Geroen Meyer and Sven Beiker (eds.), *Road Vehicle Automation*, Berlin: Springer, 93 - 102.

③ 然而，正如下面我们将看到的，各种不同的利益相关者已经在讨论是否应该将自动驾驶汽车进行某些违法行为的编程，以便更好地与传统汽车展开互动协作。

④ Schlosser, "Agency,"同前文引。

同的是，人类表现出的是"令人满意的"驾驶行为，而不是最优化的驾驶行为。[①] 借用第 1 章中的术语，我们可以把人类称为"懒惰的"驾驶员。也就是说，人类驾驶员的驾驶行为通常只够达成他们的驾驶目标。这可能包括各种在安全、燃油效率和交通流量方面不是最优的驾驶行为：比如超速、迅猛加速和迅猛减速、跟随距离过短，等等。此外，人类驾驶员还常常违反交通规则。因此，自动驾驶汽车和人类驾驶员的驾驶风格是截然不同的。前者是优化者和严格的规则遵守者，后者是令人满意者和不严格的规则遵守者。

接下来，让我们思考自动驾驶汽车和人类驾驶员如何感知彼此，并形成对其他汽车在不同交通情况下可能会如何表现的预期。[②] 自动驾驶汽车最有可能通过使用车对车的信息通信技术与其他自动驾驶汽车进行通信。但它们将无法以这种方式直接与人类驾驶员沟通。

相反，根据交通心理学家罗拉尔·房龙（Roald van Loon）和马瑞克·马腾斯（Marieke Martens）的说法，自动驾驶汽车通常会根据外部可观察的行为指标，如速度、加速度、在道路上的位置、方向等，来形成对传统汽车行为的预期。根据房龙和马腾斯的说法，这里的问题是"我们对这些行为指标的理解缺乏量化和定性，无法判断哪些行为是安全的，哪些不是。"[③]因此，工程师们还不知道如何才能最好地为自动驾驶汽车编写程序，使其能够根据观察到的外部指标，来预测什么是安全的人类行为，什么不是。

值得注意的是，设计出只要探测到自己要撞向某物时，就会停止

① Van Loon and Martens, "Automated Driving and Its Effect on the Safety Ecosystem：How Do Compatibility Issues Affect the Transition Period?"同前文引。

② Van Loon and Martens, "Automated Driving and Its Effect on the Safety Ecosystem：How Do Compatibility Issues Affect the Transition Period?"同前文引。另可参见 Ingo Wolf (2016), "The Interaction between Humans and Autonomous Agents," in Maurer et al., *Autonomous Driving*,同前文引。

③ Van Loon and Martens, "Automated Driving and Its Effect on the Safety Ecosystem：How Do Compatibility Issues Affect the Transition Period?"同前文引,第 3282 页。

运作的自动驾驶汽车,在技术上是有可能的。但这是成问题的,至少有两个原因:第一,正如密歇根大学自动驾驶汽车研究中心 Mcity 的主任彭晖(Huei Peng)在一次采访中所说:"如果把汽车设计得过于谨慎,这将会成为一个麻烦。"[①]第二,如果前方出现任何物体时自动驾驶汽车就立即刹车,那么从后面快速靠近的汽车(可能是由人驾驶的)有时可能会追尾。

在自动驾驶汽车与人类驾驶员沟通能力方面取得进展的一种潜在方式,在本质上是间接的。人类驾驶的汽车可以被制造成密切监控并试图预测人类驾驶员的行为。然后,人类驾驶的汽车可以将这些预测信息传递给自动驾驶汽车。以这种方式,自动驾驶汽车就可以同时利用自己的"观测"和人类驾驶的汽车传达给它们的预测,在这双重基础上,自动驾驶汽车就能够对人类驾驶员可能的驾驶行为进行预判。这或许会是一种改善。但这仍然不是自动驾驶汽车和人类驾驶员之间的直接沟通,而是自动驾驶汽车与人类驾驶汽车之间的通信,而由人类所驾驶的汽车将会加入自动驾驶汽车的系统中,以根据外部可观察的行为,预测人类驾驶员的可能驾驶行为。

关于人类驾驶员对自动驾驶汽车行为形成的预期,问题略有不同。[②] 在成为熟练驾驶员的过程中,人类会在各种情况下对其他驾驶员的驾驶行为产生大量预期。这些预期往往不太符合自动驾驶汽车的运行。比如说,自动驾驶汽车可能会在后面的人类驾驶员希望它开始行驶的地方继续等待。所以,为了能够流畅地与其他人类

[①] Neal E. Boudette (2019),"Despite High Hopes,Self-Driving Cars Are 'Way in the Future,'" *New York Times*,https://www.nytimes.com/2019/07/17/business/self-driving-autonomous-cars.html (Accessed on August 23,2019).

[②] 此外,根据房龙和马腾斯的研究,交通心理学家并不知道人类司机一般在多大程度上能够理解和预测其他司机的行为。参见 Van Loon and Martens,"Automated Driving and Its Effect on the Safety Ecosystem:How Do Compatibility Issues Affect the Transition Period?"同前文引,第 3283 页。

驾驶员和自动驾驶汽车互动,人类需要同时在两种平行的预期形成习惯的基础上驾驶汽车,既要适应传统的由人类驾驶的汽车,又要适应自动驾驶汽车。这对人类驾驶员来说是一项沉重的认知负担。

当然,在传统的驾驶行为中,人类驾驶员可以使用各种不同的临时信号与其他人类驾驶员进行交流,比如手和手臂姿势、眼神交流以及闪烁的车灯。[①] 这有助于人类驾驶员对其他驾驶员的行为产生预期。但就目前的情况来看,人类驾驶员无法以这种临时而灵活的方式与自动驾驶汽车进行"交流"。在将来,情况可能会有所不同。

考虑到目前自动驾驶和人类驾驶之间的差异,混合交通必然会涉及很多兼容性(compatibility)和协调性(coordination)的问题。可以用这一简单等式表述:冲突的驾驶风格＋在形成可靠预期方面的共同困难＝撞车的可能性增加。因此,问题来了,我们应该如何使自动驾驶汽车和人类驾驶的传统汽车最大限度地相互协调。我们需要实现良好的人与机器人之间的协调配合,以避免各种不同形式的不协调所导致的碰撞和事故。那么,我们会有哪些选择? 我们面临的不同类型的选择又会引发何种伦理问题呢?

4.3　混合交通中更好的人-机器人协调选项

2015 年,在首次混合交通事故开始被报道和分析之后,关于如何在各种不同的情况下实现更好的兼容性引发了一场辩论。在媒体、工程和交通心理学实验室、咨询公司、政策制定团队和其他地方,各

---

① 例如,参见 Berthold Färber（2016）,"Communication and Communication Problems between Autonomous Vehicles and Human Drivers," in Maurer et al., *Autonomous Driving*,同前文引,和 Michael Sivak and Brandon Schoettle（2015）,"Road Safety with Self-Driving Vehicles: General Limitations and Road Sharing with Conventional Vehicles," *Deep Blue*, http://deepblue.lib.umich.edu/handle/2027.42/111735。

种观点竞相表达并相互辩论，尽管当时的这些辩论还没有置于哲学伦理学的语境之下。2015 年发生的大多数规模较小的事故，通常被认为是由人为失误造成的。[①] 然而，目前正在运行的自动驾驶汽车却受到批评。近期发生的一些事故——尤其是我之前提到的 2016 年和 2018 年的撞车事故——也被归咎于自动驾驶汽车的缺陷。

　　人们最常讨论的解决人-机器人协调问题的主要方法是：尝试对自动驾驶汽车进行编程，使其运行方式更接近人类驾驶员的驾驶风格。[②] 例如，一家有影响力的媒体发表了一篇专栏文章，称自动驾驶汽车在严格遵守规则和高效驾驶方面存在"关键缺陷"：这才导致人类驾驶员撞上了它们。这篇文章建议的解决方案是：让自动驾驶汽车在遵守规则方面不那么严格，驾驶效率也不那么高。[③] 类似地，一名顾问在一个关于自动驾驶伦理的跨学科活动中向荷兰基础设施和环境部的自动驾驶汽车计划（DAVI）建议，自动驾驶汽车应该配备"淘气软件"（naughty software）：这一软件能够让自动驾驶汽车在某些特定情况下打破规则，正如很多人类驾驶员所做的那样。[④] 工程研究人员克里斯蒂安·格迪斯（Christian Gerdes）和萨拉·桑顿（Sarah Thornton）也提倡这种解决方案。他们认为，人类驾驶员并不把交通规则视为绝对的，自动驾驶汽车应该效仿人类，这一做法应被编入自

---

① Schoettle and Sivak, "A Preliminary Analysis of Real-World Crashes Involving Self-Driving Vehicles,"同前文引。

② 当然，我们也可以寻求技术解决方案，使自动驾驶汽车适应由人类驾驶的汽车，而不是让自动驾驶变得更像人类驾驶。这里，我聚焦于让自动驾驶与人类驾驶相似的观点，出于两个原因：第一，这一观点是经常被提到的；第二，它引发了我想在本章中特别强调的特殊类型的伦理问题。然而，一个比本章更为全面的讨论则要涉及，在不让自动驾驶变得更像人类驾驶的情况下，让自动驾驶适应人类驾驶将会导致何种伦理问题。

③ Keith Naughton (2015), "Humans Are Slamming into Driverless Cars and Exposing a Key Flaw," *Bloomberg*, https://www.bloomberg.com/news/articles/2015 - 12 - 18/humans-are-slamming-into-driverless-cars-and-exposing-akey-flaw (Accessed on August 23, 2019).

④ Herman Wagter (2016), "Naughty Software," presentation at *Ethics: Responsible Driving Automation*, at Connekt, Delft.

动驾驶汽车的程序之中。否则，自动驾驶汽车将无法与人类交通共存，也不会被人类驾驶员接受。①

其他讨论人-机器人协调性问题的人也主要集中在让自动驾驶更像人类驾驶这一普遍选择上，同时对是否应该采取这种做法持怀疑态度。在 2015 年的一次媒体采访中，卡内基梅隆大学自动驾驶实验室的负责人拉吉·拉杰库马尔（Raj Rajkumar）表示，他的团队讨论过对自动驾驶汽车进行编程，让它们打破一些人类往往会打破的规则（例如，速度限制），这有利有弊。但是就现在而言，这个团队决定对他们所有的试验汽车进行编程，使其始终遵守交通规则。② 谷歌则一度宣布，尽管他们将让所有的测试车辆遵守所有的规则，但他们仍将尝试对这些车辆进行编程，使其驾驶得更"积极"，以更好地与人类驾驶相协调。③

在我看来，是否要对自动驾驶汽车进行编程，使其表现得更像人类驾驶员，以及将此作为实现更好的人与机器人协调的主要选项，存在三个重要问题。第一，这一理论假设全自动化是所有交通状况的最佳解决方案，如果自动驾驶汽车要与人类协调一致，就必须通过编程使汽车的运行更像人类驾驶。正如工程师和技术历史学家大卫·明德尔（David Mindell）在他关于自动化历史的书中所说，这种假设忽略了一个至少在某些情况下的更明显的解决方案。④ 它忽略了一个选项，即在各种交通情况下不追求完全自动化，而是试图创造一种

---

① J. Christian Gerdes and Sarah M. Thornton（2015），"Implementable Ethics for Autonomous Vehicles，" in Maurer et al., *Autonomous Driving*，同前文引。

② Naughton，"Humans Are Slamming into Driverless Cars and Exposing a Key Flaw，"同前文引。

③ 同上。然而，据路透社报道，谷歌曾一度表示，安全起见，他们愿意将自己的自动驾驶汽车的速度设定为 16 公里每小时。参见 Paul Ingrassia（2014），"Look，No Hands! Test Driving a Google Car，" *Reuters*， https：//www. reuters. com/article/us-google-driverlessidUSKBN0GH02P20140817（Accessed on August 23，2019）。

④ Mindell， *Our Robots， Ourselves*，同前文引。引自 Arthur Kuflik（1999），"Computers in Control：Rational Transfer of Authority or Irresponsible Abdication of Autonomy？" *Ethics and Information Technology* 1(3)，173 - 184。

富有成效的人-机器人协作（human-machine collaboration），让人类智能和汽车技术都能发挥作用。① 让自动驾驶汽车像人类驾驶一样运作的最好方法——如果在某些情况下这是个好主意的话——可能通常是让人参与进来，而不是试图在汽车中创设人造的人类推理或反应（artificial human reasoning or reactions）。正如明德尔所说，对于所有类型的驾驶或交通问题，我们不应该简单地假设全自动化总是最终的理想方案。正如我在上面提到的，这一点当然也适用于其他领域。也就是说，全自动化的机器人并不总是所有领域的终极理想方案。有时，在各领域中，部分自动化的机器人会是一个更好的选项。

第二，设想自动驾驶汽车的"淘气软件"应该模仿的某些人类的驾驶行为，在道德上可能是有问题的，因此对于自动驾驶技术来说，这并不是非常合适的标准。超速就是一个重要的例子。正如吉尔斯·斯米兹所说，超速是一种道德上有问题的交通违法行为，因为超速大大增加了风险，超出了民主所容许的范围。② 因此，这并不是自动驾驶汽车应遵循的好标准。挑衅性驾驶（aggressive driving）则是自动驾驶汽车的"淘气软件"可能会遵照的、具有普遍性的另一个人类驾驶行为，但这并不一定是一种需要在机器人中复制的理想行为类型。温和谨慎地驾驶可能是一个更好的目标——对机器人和人类都是如此。

总的来说，当我们比较人类驾驶和自动驾驶的不同方面时，我们应该避免将一种驾驶方式的不道德和/或非法的行为贯穿在另一种驾驶方式中。相反，如果可能的话，我们应该将道德或法律支持的方面作为自动驾驶或人类驾驶应遵循的标准。在许多情况下，这意味

---

① 这并不需要完全移交所有功能，但可以通过其他方式解决。例如，在飞机上，当飞行员关闭自动驾驶仪的一些功能时，飞行员通常不会开始手动执行所有功能，而只是去接管飞机操作的某些方面。参见 Mindell, *Our Robots, Ourselves*，同前文引。亦可参见 Bradshaw et al., "The Seven Deadly Myths of 'Autonomous Systems,'"同前文引。

② Jilles Smids (2018), "The Moral Case for Intelligent Speed Adaptation," *Journal of Applied Philosophy* 35(2), 205 – 221.

着让自动驾驶与人类驾驶保持一致是一个糟糕的主意。

更普遍地说，当我们面临是否让机器人的行为符合人类行为的选择时，无论是在交通中、战争中、警务中，还是其他任何可能的情况，我们都应该让机器人的行为符合人类的行为，前提是人类的行为在道德上是可接受的和可取的。仅仅因为某些人的行为有时存在道德上的问题，就制造出道德上有问题的机器人，既没有明显的意义，也没有正当的理由。这可能是人类生活中可以接受的事实，我们有能力做出道德上好的和道德上坏的行为。但设计专门复制道德败坏或可疑的人类行为的机器人似乎是不可接受的。

第三，在主要考虑（如果不是完全考虑的话）是否要将自动驾驶的某些方面与人类驾驶相一致时，还有一个重要的替代方案也被忽略了（即，除了不总是以完全自动化为目标的选项之外）。另一个我认为应该认真对待的选择是寻找可能使人类驾驶的某些方面符合自动驾驶的方法。这可以通过改变交通法规来实现。但它也可以在某些技术的帮助下完成。正像我在第一章中所指出的那样，如果我们面临着抉择，即究竟是让机器人或人工智能适应我们人类的行为、还是让我们人类的行为适应机器人或人工智能，如果后者显然有利于我们，那么这一选项应该认真对待、仔细评估。

再次以超速为例，让人们更有可能遵守限速的一种方法，就像更"规矩"的自动驾驶汽车所做的那样，就是在传统汽车中强制使用速度调节技术。[①] 在我 2019 年撰写此文时，欧盟和英国正计划在不久的将来这么做。[②] 新的传统汽车可以配备调速技术，大多数旧车都可以用这种技术以合理的成本进行改装。[③] 这将有助于使人类驾驶更

---

① Smids，"The Moral Case for Intelligent Speed Adaptation，"同前文引。

② Uncredited（2019），"Road Safety：UK Set to Adopt Vehicle Speed Limiters，" BBC，https：//www.bbc.com/news/business-47715415（Accessed on August 23，2019）.

③ Frank Lai，Oliver Carsten，and Fergus Tate（2012），"How Much Benefit Does Intelligent Speed Adaptation Deliver：An Analysis of Its Potential Contribution to Safety and the Environment，" *Accident Analysis & Prevention* 48，63 – 72.

像自动驾驶。我们有充分的理由期待这将极大地帮助解决因速度引起的协调性问题。① 或者，再举一个例子，在汽车中安装的酒精连锁装置（alcohol interlocks）也可以让人类的驾驶行为更像机器人一点。如果所有的人类驾驶员都使用酒精连锁装置，他们会比在酒精影响下驾驶时更具持续的警觉力，更能集中注意力。② 除了安装酒精连锁装置，另一种选择是为所有传统汽车配备前方碰撞预警技术。③ 这可能会潜在地提高驾驶员对他们所面临的风险的预期意识。风险意识的提高可以使人类驾驶员更好地与自动驾驶汽车相互协调，而自动驾驶汽车的整体构成中也包含了增强的风险检测系统。④

---

① 我与同事斯米兹在我们联合发表的一篇文章中总结了一些原因："第一，如果传统的由人驾驶的汽车减速，那么对自动驾驶汽车进行编程以使其在与高速行驶的车流汇合的情况下加速的需求消失了，而乘客的安全不会受到威胁。当然，这只是其中一种交通状况。更普遍地说，在传统汽车上安装限速器可以大大简化对传统汽车行为的解读和预测，在自动驾驶汽车方面，亦复如是。其次，如果传统汽车不能加速，那么自动驾驶汽车需要解读和预测的传统汽车的实际和潜在行为范围就会大大缩小。此外，在自动驾驶汽车做出对传统汽车行为的误读或错误预测的情况下，坚持让传统汽车限速，可以使自动驾驶汽车有更多的时间进行调整。第三，从人类驾驶员角度来看，将不会发生这样的情况：特别是由于超速所导致的时间不足，致使他们无法解读自动驾驶汽车的行为。智能速度适应（ISA）试验的参与者报告说，有更多的时间来考虑和解读人类驾驶员所遇到的情况是速度限制器的好处之一。此外，由于汽车不再加速，自动驾驶汽车和传统汽车在驾驶风格将更加相似，驾驶员也就不再期望做出一些不恰当的驾驶行为了。"详情参见此篇文章的脚注 14：Sven Nyholm and Jilles Smids（in press），"Automated Cars Meet Human Drivers：Responsible Human-Robot Coordination and the Ethics of：Mixed Traffic," *Ethics and Information Technology*，1 - 10，https://link. springer. com/article/10.1007/s10676-018-9445-9。

② Kalle Grill and Jessica Nihlén Fahlquist（2012），"Responsibility，Paternalism and Alcohol Interlocks," *Public Health Ethics* 5(2)，116 - 127।

③ 关于这种技术的例子可以在这里找到：https://www. mobileye. com/our-technology/（Accessed on August 23，2019）。

④ 像限速器和酒精连锁这样的技术已经存在很长时间了，但它们还没有被广泛采用。为什么？我怀疑这其中存在着一种"现状偏见"，即人们直觉地倾向于事物的本来面目，即使这不是一件最理想的事情。（参见 Nick Bostrom and Toby Ord，［2006］，"The Reversal Test：Eliminating Status Quo Bias in Applied Ethics," *Ethics* 116，656 - 679।）然而，自动驾驶汽车的广泛引入有一种颠覆性的潜力，这可能会改变人们对目前可用和未使用的交通技术的普遍态度。因此，一种被认为更安全的替代品——即高度自动驾驶或全自动驾驶——的引入，将使驾驶员有理由重新考虑他们对安全技术的态度，虽然这些技术目前尚未使用，但对传统汽车而言，已经是可供使用的了。

4.4 混合交通中构建更好的人-机器人协调机制的伦理思考

在前一节中，我认定了三种促进混合交通中更好的人-机器人协调的普遍性的解决-策略（solution-strategies）：

1. 试图让自动驾驶的某些方面更类似于人类驾驶；

2. 不假设完全自动化是最佳状态，而是探索人类驾驶员参与其中的方式，以创造更好的人-机器人协调关系；

3. 寻找方法使人类驾驶的某些方面更像自动驾驶。[①]

在混合交通中，这三种提高人-机器人协调的方式都引发了潜在的伦理问题。本节的目标在于在更系统地探讨和研究混合交通中人-机器人的协调时，需要关注的一些主要问题。在这里，我将在一个相当普遍的层面上进行讨论，因为我在这一章的主要目的不是提倡任何特定的解决方案，而是激发起对混合交通的伦理问题的进一步讨论。

正如我已经指出的，如果我们试图让自动驾驶适应的人类驾驶的某些特定方面在道德或法律上存在问题，那么让自动驾驶适应人类驾驶就可能会在伦理上存在问题。换句话说，我们不想创造一个机器人来复制道德上有问题或非法的人类行为。[②] 这一选项应该在道德上得到评估，主要的方式是考察让机器人的行为遵循人类的驾驶行为在道德上和法律上是否存在问题。如果有问题，那么最好寻找替代方案来解决人-机器人的协调问题。

那么之前提到的第二种选择呢？也就是说，研究是否通过人-机

---

① 第四种可能的解决方案是将自动驾驶汽车与传统汽车隔开，让它们在不同的车道或不同的道路上行驶。这无疑会解决人类驾驶和自动驾驶相互协作的问题，而且在某些地方可能会实现人-机器人协作。然而，考虑到道路的可用空间有限，以及人们对哪里可以使用汽车的偏好，这种解决方案在许多地方是不现实的。

② 引自 Arkin, "The Case for Ethical Autonomy in Unmanned Systems," 同前文引。

器人协调来更好地解决问题,而不是试图让自动驾驶更像人类驾驶。这种促进人-机器人协调的方式可能会引发哪些伦理问题? 这里最明显的伦理问题是,是否赋予人类的新责任过于沉重,或者是否能够合理地期望普通人履行这些责任,无论这些责任是什么。

换句话说,在混合交通中,实现高度自动化汽车与传统汽车之间更好的协调性乃是通过保持前者的完全自动化,并且需要人类驾驶员去"帮助"自动驾驶汽车在混合交通中完成某些任务。但与此同时,单纯让人类驾驶员"帮助"自动驾驶汽车,这对大部分人类驾驶员来说可能太过困难。如果是这样,那么将新的责任放在人类驾驶员的肩头在伦理上将成问题。

关于自动驾驶汽车应该如何应对戏剧性的碰撞和事故场景,这种普遍的担忧已经被讨论过。例如,亚历山大·希维尔克和朱利安·尼达-如美林认为,在发生事故的情况下,要求人们介入并接管是不公平的,因为人们可能不能反应得足够快。[①] 为了公平合理地期望人类在事故场景中"帮助"他们的自动驾驶汽车,可能需要普通的驾驶员能够执行给定的任务。毕竟,这是一个被广泛接受的伦理原则:"应当意味着能够"(ought implies can)。

我同意希维尔克和如美林的主要观点,他们担忧在自动驾驶汽车发生事故的情况下需要由人来接管的情形。然而,重要的是,不要把事故场景下的控制权交给人类驾驶员与试图在混合交通中创造更好的人-机协调的所有其他可能的人类参与方式进行类比。通过让人类驾驶员参与高度自动化汽车的操作,一些可以想象的促进人与机器人协调的方法可能确实过于苛刻而不合理。但当然也有一些不太苛刻的方法可以让人类驾驶员参与进来。举个例子,假设一辆载着一个完全正常的成年人的自动驾驶汽车面临以下情况:路上空无一人,但有一个大树枝横在车道上。这是一条双实线道路,故而严格地

---

① Hevelke and Nida-Rümelin, "Responsibility for Crashes of Autonomous Vehicles,"同前文引。

说，为了避免撞到树枝而短暂地借用迎面车道是违反交通规则的。对于人工智能来说，弄清楚在这种情况下违反规则是否是一个确保安全的好主意是一个艰巨的挑战，但对于车里的人来说，这是一个显而易见的问题。在这种情况下，人类驾驶员可以与自动驾驶汽车一起处理这种情况，而不是通过编程，让一辆完全自动化的汽车像人类一样思考和行为。[①] 要对人类驾驶的不同可能方式进行更具体的伦理评估，首先需要看看人类究竟需要和期望做什么。然后，评估这些任务是否是大多数自动驾驶汽车的操作员能够完成的。

现在我们来讨论第三种解决-策略：寻求方法使人类驾驶的某些方面与自动驾驶相一致。如上所述，这是可以做到的，例如，通过速度控制技术。它们可以帮助调整人的驾驶速度和自动驾驶汽车的驾驶速度。或者也可以用我上面提到的另一个例子——酒精连锁装置之类的东西。[②] 无论提出什么样的技术或方法，什么样的道德问题可能会对这种在混合交通中实现更好的人-机器人协调的一般策略的评估产生影响？我在第 1 章中已经提出，任何关于让人类适应机器人的建议都应该首先看看这是否对我们有益，是否限定在特定领域，是否大多是可逆的，并且不太具有侵犯性或冒犯性。但还有什么其他伦理问题需要考虑？

首先需要注意的是，尝试让人类的驾驶方式适应自动驾驶方式——或者更普遍地说，尝试让人类的行为适应机器人的行为——是一种最有可能引发激烈争论的策略，如果它被认真对待，并得到我认为它应该得到的关注。在混合交通的情形中，人类行为与机器人行为相适应的做法的显著反对意见是担心这可能侵犯驾驶员的自由，在极端情况下，甚至可能侵犯驾驶员的人格尊严。另一方面，我们

---

① Färber, "Communication and Communication Problems between Autonomous Vehicles and Human Drivers,"同前文引，第 143 页。
② 我在这里对调查或辩护任何使人类驾驶更像自动驾驶的具体技术手段不感兴趣；我更感兴趣的是普遍的思想以及与这类思想相关的伦理问题。

也需要认真地考虑诸如我们通常与交通联系在一起的注意义务（duty of care）以及相关的负责任的风险管控义务。

在其他与交通有关的情况中，当诸如限速技术的讨论出现时——不论是对所有驾驶员来说，还是对驾驶员中的某个群体，如卡车驾驶员来说——其中一个被提出的问题是，人们担心这会剥夺驾驶员选择如何驾驶汽车的自由。例如，一名加拿大卡车驾驶员被命令在他的卡车上使用限速器，他将此事提交法院。在法庭上，他辩称，如果他不能自己决定开卡车的速度，他的基本自由将受到损害。起初，法院作出了有利于卡车驾驶员的判决。然而，另一家加拿大法院后来推翻了这一决定，裁定要求卡车驾驶员使用限速器并不违反他的基本自由。[①] 无论如何，如果有人对要求人类驾驶员在传统汽车上使用限速器等技术，从而使人类驾驶与自动驾驶相一致的想法展开严肃的讨论，预计也会出现类似的反对意见。

正如我在上面提到的，试图让人类的交通行为与机器人的交通行为相一致的想法，可能也会被一些人认为是对人类尊严的侵犯。[②] 这个解决方案可以选择是否要脱离人类驾驶员的控制，遵守限速等规则（从而更好地协调人类驾驶与自动驾驶）。人类驾驶员无法自我运用法律。被赋予自我运用法律的机会——而不是被要求遵循法律——有时被认为是人类尊严的核心。例如，法律理论家亨利·哈特（Henry Hart）和阿尔伯特·萨克斯（Albert Sachs）认为对法律的自我运用是人类尊严的重要组成部分。[③] 法律哲学家杰里米·沃尔德伦（Jeremy Waldron）也加入了他们的行列，在他 2012 年出版的、基

① Uncredited（2015），"Court Upholds Ontario Truck Speed Limiter Law," *Today's Trucking*，https://www.todaystrucking.com/court-upholds-ontariotruck-speed-limiter-law/(Accessed on August 23, 2019).

② 例如，弗里希曼和塞林格认为，任何让我们的行为方式变得更像机器人的事物都存在着侮辱人格的风险，因为它否定了我们的人性。参见 Frischmann and Selinger, *Re-Engineering Humanity*，同前文引。

③ Henry Hart and Albert Sachs（1994），*The Legal Process*，Eagan，MN：Foundation Press.

于其"坦纳演讲"（Tanner Lectures）而成稿的《尊严》（*Dignity*）一书，就将这一观点与人类尊严联系在一起。[①]

可以预料，上述担忧将会出现。但是，仔细思考一下，如果我们试图通过技术手段，使人类驾驶的某些不理想方面符合自动驾驶风格，从而在混合交通中实现更好的人-机协调，这真的会冒犯诸如自由和人类尊严之类的价值观吗？此外，这个问题可能会提出什么样的反驳论点，哪一种论点才有资格成为支持这一普遍观点的积极论点？

关于这些问题，我想在此简要谈三点。第一，从法律和道德的观点看，我们现在在法律和道德层面皆不享有超速驾驶或随意驾驶将人们置于更大风险的自由。[②] 如果法律允许，我们有做某事的法律自由；如果道德允许，我们有做某事的道德自由。而在道路上进行巨大风险的驾驶行为既不被法律所允许，也不被道德所允许。因此，有人可能会说，如果我们试图让人类的驾驶更像机器人，在他们的车里安装速度调节器，从而在混合交通中实现更好的人-机器人协调，那么我们并不会剥夺人们目前拥有的任何法律和道德自由。我们要阻止的是纯粹的"身体"自由，以某些既不合法也不受道德约束的危险方式驾驶，这使得在混合交通中创造良好的人-机器人协调变得更加困难。[③]

---

① Jeremy Waldron（2012），*Dignity*，*Rank*，*and Rights*，Oxford：Oxford University Press.

② Royakkers and Van Est，*Just Ordinary Robots*，同前文引。

③ 此外，通过使混合交通系统更安全，从而使更广泛的人群（如老年人和严重残疾人士）提供更广泛的用车选择，这可以被视为扩大了人们在这一领域所享有的自由。（引自Heather Bradshaw-Martin and Catherine Easton［2014］，"Autonomous or 'Driverless' Cars and Disability：A Legal and Ethical Analysis，" *European Journal of Current Legal Issues* 20(3)，http://webjcli.org/article/view/344/471）。让更多的人能够选择使用汽车（无论是自动驾驶汽车还是传统汽车）；并且让它成为对所有人来说安全可靠的选择。如果这两个条件都满足了，那么使用汽车的选择就更像是一种基本的自由。这就要求使用传统汽车的人愿意接受创造更具包容性的交通类型的措施，包括在混合交通中创造更好的人-机器人协作机制。例如，菲利普·佩蒂特将"共同可操作性"和"共同可满足性"作为将某些事物（比如，一个社会中所有人都可以拥有的选择）视为基本自由的两个要求。可进一步参阅 Philip Pettit（2012），*On the People's Terms*，Cambridge：Cambridge University Press. See especially 93 - 97.

澄清一下：我想说的是，自由并不等同于做法律和道德允许的事情。重点在于人们应该获得的自由和不应该获得的自由之间存在着显著的差异。[①] 从法律和道德的角度来看，人们不应——也不应被允许——享有那种会极大增加交通风险的驾驶自由。

第二，一般来说，人类尊严的一个重要组成部分可能确实与被赋予自我运用法律的自由有关。但这一理想要求人们总是可以选择是否在人类活动的所有不同领域，无论代价如何，自行运用所有的法律，这一点并不清楚。[②] 在一些领域，对于特定于这些领域的目的和目标而言，其他价值可能更加突出和重要。例如，目前我正在讨论的交通领域，最重要的价值显然不是提供自我运用交通规则的机会。

在交通这个领域更突出的价值观包括安全、相互尊重和关爱，或者更世俗的东西，如用户舒适度和整体交通效率。在人类活动的这一领域中，决定是否遵守旨在拯救生命的交通规则是我们最看重的一个关键价值，但这一点并不十分清楚。此外，还有很多不同的交通规则要违反或遵守，这为自我运用法律提供了大量的机会。并且，通过法律和规范来保护我们的生命和身体的安全，当然也可以被视为——而且经常被视为——在人类社会中享有有尊严的地位的重要组成部分。[③] 因此，寻找让人类的驾驶行为更像机器人的方法可能不会对人类的尊严造成太大的侵犯，尽管这个基本想法一开始听起来可能有点古怪。

第三，如果高度自动化的驾驶真的是一种非常安全的驾驶方式，那么在驾驶员面临的选择中还有另一件非常重要的事情也应该

[①] Ronald Dworkin (2013), *Justice for Hedgehogs*, Cambridge, MA：Harvard University Press.

[②] 引自 Smids, "The Moral Case for Intelligent Speed Adaptation," 同前文引；和 Karen Yeung (2011), "Can We Employ Design-Based Regulation While Avoiding Brave New World?" *Law Innovation and Technology* 3(1), 1-29。

[③] 引自 Michael Rosen (2012), *Dignity*, Cambridge, MA：Harvard University Press。

被记住。① 也就是说，这种被认为更安全的选择的引入，似乎可以被视为改变了驾驶员面临的一些选择的相对道德地位。一般来说，如果一些新技术被引入到人类生活的某些领域，而且新技术比以前存在的技术更安全，这就会产生道德压力——我建议——① 要么从使用旧技术切换到使用新技术，② 要么在使用旧技术时注意增加预防措施。这是一个我认为我们应该更广泛地应用在我们对新技术的伦理推理中的伦理原则，这一原则也可以更具体地应用在与混合交通相关的特定选择中。

如果高度自动化的驾驶最终会比非自动化的传统驾驶更安全，那么自动驾驶的引入就构成了混合交通环境下更安全的选择。因此，如果驾驶员不选择这种更安全的选项，这应该会产生一些道德压力，以促使人们在使用旧的、不太安全的选择时，采取额外的安全预防措施。在我看来，随着更安全的选择被引入（如切换到自动驾驶模式），一种新的道德准则应运而生。换句话说，要么转向自动驾驶（更安全的选择），要么在选择传统驾驶时采取或接受额外的安全预防措施（不太安全的选择）。② 如果自动驾驶汽车最终被确定为一种安全得多的替代性选择，那么，假装一切如旧、就像没有新的选择出现一样，一味坚持走老路，将是不负责任的。③

---

① 法律理论家加里·马尔尚（Gary Marchant）和雷切尔·林德尔（Rachel Lindor）认为，除非能证明自动驾驶汽车比传统汽车更安全，否则在法律上是行不通的。因此，他们认为，任何可能出现的涉及到自动驾驶汽车的交通场景的讨论，都会认为自动驾驶汽车比传统汽车更安全。我在本节最后几段的论点是建立在假设马尔尚和林德尔在这一点上是正确的基础上的。换句话说，为了第三个论证，我在这里假设，与传统汽车相比，自动驾驶汽车最终会成为一种更安全的选择。参见 Marchant and Lindor, "The Coming Collision between Autonomous Cars and the Liability System," 同前文引。

② 更多关于采取预防措施可以使危险行为更容易被接受的观点，参见 James Lenman (2008), "Contractualism and Risk Imposition," *Politics*, *Philosophy & Economics* 7(1), 99 - 122。

③ 此外，如果自动驾驶汽车的引入可以让更多的人（如老年人和严重残疾的人）有独立驾驶汽车的选择，那么这似乎也为传统汽车驾驶员增加了更多的驾驶责任；也就是说，传统汽车的驾驶员有责任帮助这些新车使用者以安全的方式参与混合交通（参见 Bradshaw Martin and Easton, "Autonomous or 'Driverless' Cars and Disability: A Legal and Ethical Analysis," 同前文引）。这一责任可以通过一定的方式使人类驾驶在某些方面更像自动驾驶，从而在混合交通中实现更好的人-机器人协调。

4.5 结论

在本章和上一章中，我一直在讨论既没有被设计成外表像人类，也没有被设计成行为像人类的机器人。自动驾驶汽车和自动武器系统的外观和行为皆不像人类。当然，我在上面提到过，有一些人认为，自动驾驶汽车的行为应该被设计得更像人类驾驶员。但正如我所说，这个想法似乎在一定程度上违背了创造自动驾驶汽车的目的。毕竟，创造它的主要目的通常被认为是创造一种比人类驾驶更优化的驾驶方式。同样地，创造军用机器人/自动武器系统，以复制人类士兵在战场上的所有行为，似乎也没有任何明确的目的。对许多不同种类的机器人来说，无论是自动驾驶汽车、军用机器人、送货机器人、扫地机器人、物流机器人，还是其他任何机器人，最有意义的是设计出功能和形状皆适合去执行它们要执行的任务的机器人。因此，试图让机器人的外表或行为与人类相似似乎并没有任何实际意义。

然而，许多人都对创造外观和/或行为像人类的机器人这一想法着迷。这有时被假设为可能创造了一个"恐怖谷"（uncanny valley）。[1]人们认为，与人类相似但又不太像人的机器人可能会引起人类不可思议的情绪反应。然而，许多人深深着迷于机器人的外观或行为像人类的想法。一些人对这样的机器人寄予厚望。也许他们会成为我们的朋友、恋人、老师、同事、艺人或其他的伙伴和同伴。

或者，创造一个外表像人类或行为像人类的机器人并不是一个好主意。人们可能会被这些机器人与人类的相似程度所欺骗；许多人可能会高估这些机器人的能力。这可能会导致伤害或失望。外表或行为像人类的机器人的道德地位可能是模糊的，抑或由于其他原因存在问题。也许花太多时间在类人机器人身上会对一些人产生不

---

[1] Masahiro Mori（2012），"The Uncanny Valley," *IEEE Robotics & Automation Magazine* 19(2)，98 - 100.

好的影响。此外，一些模仿人类外表和行为的机器人——比如所谓的性爱机器人——也可能对某些人造成极大的冒犯。

机器人的外表和行为都与人类相似，这是一种引人入胜的未来愿景，展开哲学讨论也很有趣味，所以本书的后半部分将主要讨论这种类人机器人。时不时地，我还会继续讨论其他类型的机器人，比如自动驾驶汽车或扫地机器人。我将要讨论的一些问题可能不仅适用于类人机器人，而且也适用于其他类型的机器人。但从现在开始，我将主要讨论类人机器人。在接下来的四章中我将讨论的问题是，机器人是否能像其他人类一样成为我们的朋友；机器人是否具有人类那样的心智；机器人是否能像人类一样做好事；我们是否应该像对待人类同胞那样对待机器人。

第 5 章

机器人的"人"际关系

5.1　真正的伴侣?

真实伴侣(Truecompanion.com)公司声称要出售"世界上第一个性爱机器人"。这一机器人被称为"洛克茜",推销这款机器人的网站在介绍机器人的功能时,语出惊人。据说,洛克茜

> 知道你的名字、你的好恶,可以与你进行讨论,向你表达她的爱意,并成为你的知己。她可以与你交谈,听你倾诉,感受你的触摸。她甚至可以达到性高潮![1]

在一次关于洛克茜的采访中,研发者道格拉斯·海恩斯(Douglas Hines)表示,用户与洛克茜的关系不仅仅是性。性"仅仅是其中很小的一部分。"[2]洛克茜能够成为你的"真正的伴侣"。

开发性爱机器人萨曼莎的公司也做出了类似的声明,他们对机器人的性能也有同样的雄心。在 2017 年英国的电视节目《今晨》中,研发者阿伦·李·赖特(Arran Lee Wright)描述了萨曼莎所具备的人工智能程度。他声称,萨曼莎能够对不同的社交场景作出回应:她可以与你交谈("她可以谈论动物,也可以谈论哲学"),甚至可以讲笑话。就像洛克茜的研发公司将她称为一个真正的伴侣一样,赖特也声称"你可以告诉她'我爱你',她也可以作出回应。"[3]

---

[1] Truecompanion.com, accessed August 25, 2019.

[2] Uncredited (2010), "Roxxxy True Companion: World's First Sex Robot?" *Asylum Channel*, https://www.youtube.com/watch?v=2MeQcI77dTQ (Accessed on August 25, 2019).

[3] Uncredited (2017), "Holly and Phillip Meet Samantha the Sex Robot," *This Morning*, https://www.youtube.com/watch?v=AqokkXoa7uE (Accessed on August 25, 2019).

第三个例子是哈莫尼,一款由马特·麦克马伦(Matt McMullen)研发的性爱机器人。关于这个机器人和它的能力,麦克马伦在一次视频采访中说:"你可以与这个人工智能进行一次非常开放的对话。"他补充道,"这就是它的乐趣所在。"机器人的面部有"十二个关节点",这使它能够做出一系列不同的面部表情。所有这些"共同作用,让她看起来好像是活生生的人。"其目的是让人们在与机器人交谈时能"感觉到一种联系"。[①]

工程师对这三个性爱机器人的研发理念是"不仅仅作为性伴侣",更是为了让用户"感觉到一种联系",让用户想对机器人说"我爱你",这样用户就可以把他们的机器人视为"真正的伴侣"。但是机器人真的能够成为恋爱对象吗?让机器人做我们的朋友或伴侣合适吗?在本章讨论这个问题时,我将遵循荷兰社交机器人研究者玛拉杰·德格拉芙(Maartje de Graaf)的建议。[②]她认为,当我们讨论这个话题时,我们不应该只考虑机器人是否在某种意义上可以成为我们的朋友或伙伴。我们还应该重点考虑,与友谊和亲密关系相关的特定的品德或价值观,是否可以在人与机器人的关系中实现。否则,创造或思考机器人的"人"际关系的可能性就没有什么意义,或者至少没有什么理由。

说到讨论这个话题是否有意义——一些读者可能会持怀疑态度——我认为至少有三个充分的理由可以让我们认真对待这个话题。第一,正如我们刚才看到的,有些公司正在尝试创造机器人——性爱机器人,也有其他种类的社交机器人——他们声称这些机器人可以成为人类潜在的朋友或伴侣。人们担心这可能是公司为了吸引潜在客户做出的虚假宣传,因而人们对这些机器人是否真的可以成

① Uncredited (2017), "Harmony, The First AI Sex Robot," *San Diego Union-Tribune*, https://www.youtube.com/watch?v=0CNLEfmx6Rk (Accessed on August 25, 2019).

② Maartje De Graaf (2016), "An Ethical Evaluation of Human-Robot Relationships," *International Journal of Social Robotics* 8(4), 589–598.

为朋友或伴侣持怀疑态度。第二,也有一些人会对机器人产生情感依恋,想要把机器人当作他们的朋友或伴侣。之后,我将通过几个例子来进一步说明:一般来说问题在于这些迷恋机器人的人是否在某种程度上搞错了或糊涂了。① 第三,尽管大多数哲学家对机器人能够成为我们的朋友或伴侣持高度怀疑的态度,但最近也有一些哲学家为机器人友谊辩护。最近,我和同事莉莉·弗兰克一起,质疑人类与机器人相爱的可能性。② 但我的另一位朋友,爱尔兰哲学家约翰·丹纳赫,最近写了一篇令人印象深刻的文章,为人类与机器人之间的友谊的可能性进行了辩护。③ 持类似观点的还有哲学家大卫·列维(David Levy),他写了一本书,专门为未来人们会爱上机器人并与机器人结婚的看法辩护。④ 事实上,有些哲学家为与机器人的友谊和爱情的可能性辩护,这是研究人类和机器人是否可能成为朋友——或者是否可能成为恋人的第三个原因。这同样也是研究与友谊和陪伴相关的价值观是否能在人与机器人的关系中实现的第三个原因。

因为我已经在其他作品中写过人类和机器人相爱的前景,所以在这里我将主要关注人类和机器人之间的友谊。在其他作品中我已经提出了对人与机器人关系持怀疑态度的理由,在本章我将重点对一些哲学家支持人与机器人友谊的案例进行批判性的评估。具体来

---

① 引自 Alexis Elder (2017), *Friendship, Robots, and Social Media: False Friends and Second Selves*, London: Routledge.

② Nyholm and Frank, "From Sex Robots to Love Robots: Is Mutual Love with a Robot Possible,"同前文引。在这篇文章中,我们研究了三种与恋爱关系有关的常见观点,进而追问机器人是否可以参与到这三个层面中。这三个层面是:(1) 做一个"好伴侣",(2) 把彼此视为独一无二的个体,以及(3) 遵守一个共同的承诺。我们认为,每一个层面都预设了机器人还不具备的能力,例如,选择和情感的能力。在与大卫·爱德蒙兹(David Edmonds)的讨论中,我总结了我们的整个观点,参见 David Edmonds and Sven Nyholm (2018), "Robot Love," *Philosophy* 247, https://philosophy247.org/podcasts/robot-love/(Accessed on August 25, 2019)。

③ John Danaher (2019), "The Philosophical Case for Robot Friendship," *Journal of Posthuman Studies* 3(1), 5–24.

④ David Levy (2008), *Love and Sex with Robots: The Evolution of Human-Robot Relationships*, New York: Harper Perennial.

说,我被丹纳赫所说的"机器人友谊的哲学案例"所打动,这比列维对人类和机器人之间的爱情和婚姻前景的辩护更令人印象深刻。因此,在本章中,我将主要侧重于批判性地评估丹纳赫的观点。

不过值得注意的是,丹纳赫关于机器人友谊的观点与列维关于人类和机器人之间的爱情和婚姻的观点有一定的相似之处。两者都采用行为主义或表述行为的方法来判断某对象——无论是人类还是机器人——是否有资格成为我们的朋友或恋人。根据丹纳赫和列维的观点,某人(或某物)能否成为我们的朋友或伴侣取决于他们如何对待我们。由于这是丹纳赫和列维在他们各自对人-机器人关系的辩护中所提出的关于友谊和爱情的主张,本章将特别关注行为问题,以及它是否对实现关系价值至关重要。因此我要考察并回答的问题是:人类和机器人能成为朋友吗? 人与机器人彼此的行为方式是决定与友谊相关的价值观能否在人-机器人关系中实现的主要因素吗?

5.2　人对机器人的依恋?

即使是非常简单的人工制品,缺乏任何人工智能或任何类型的功能自动,也可能成为强烈情感依恋的对象。这一点可以从案例中得到佐证,一些人认为自己与性爱人偶之间存在恋爱关系。比如,一名住在密歇根州化名"戴维猫"(Davecat)的男子称他已与一个叫西多尔(Sidore)性爱人偶结婚超过十五年了,此事得到了媒体的广泛关注与报道。[①] 该男子称自己是"合成恋爱"(synthetic love)的支持者。他曾多次在媒体上露面,描述自己的爱情生活,比如在 BBC 纪录片《男子与人偶》(*Guys and Dolls*)中。在日本也掀起了男子寻找"虚拟女友"的风潮。年轻人寻找稳定的伴侣组成家庭的兴趣显著下降,对

---

① Julie Beck (2013), "Married to a Doll: Why One Man Advocates Synthetic Love," *The Atlantic*, https://www.theatlantic.com/health/archive/2013/09/married-to-a-doll-why-one-man-advocates-synthetic-love/279361/(Accessed on August 25, 2019).

此，日本政府颇感担忧。① 更有甚者，在 2018 年 11 月，一位名叫近藤明彦(Akihiko Kondo)的 35 岁东京男子与一个全息影像"结婚"。他的"新娘"是初音未来，一个漂浮在桌面设备中的全息虚拟歌手。②

如果像戴维猫这样的人，以及这些日本男人能够与性爱人偶、全息影像或虚拟女友建立起恋爱关系，那么同样的事情很可能会发生在人们可能接触到的更先进的机器人身上。如果开发人员特别想要创造能够产生情感联系的机器人，那么机器人学、心理学和人机交互研究的发现就尤其需要被考虑进去。在上文提到的采访中，洛克茜、萨曼莎和哈莫尼的创造者明确表示，他们正在借鉴此类研究。

对于不是专门为诱导情感依恋而创造的机器人，人类也会产生依恋。据报道，与人类产生情感联系的不仅仅是外表和行为与人类相似的机器人。想想茱莉亚·卡朋特(Julia Carpenter)在她的研究中描述的军用机器人布默的案例就明白了。③ 正如之前所提到的，布默是一个在伊拉克作战的军用机器人。它看起来更像一台割草机或小型坦克，而且它也没有被设计成以与人类相似的方式行事。即便如此，军队的战士们还是非常喜欢这个机器人。当它受到损毁的时候，他们就想修复它，而不是换一个新的。当它最终在战场上被摧毁时，战士们对它非常不舍，甚至想为"牺牲"的机器人战友举行一场军事葬礼。他们还想给这个机器人颁发两枚军事荣誉勋章：紫心勋章和铜星勋章。在布默被炸毁前，它的工作是寻找并拆除炸弹。布默已

---

① Anita Rani (2013)，"The Japanese Men Who Prefer Virtual Girlfriends to Sex," *BBC News Magazine*，http://www.bbc.com/news/magazine-24614830 (Accessed on August 25, 2019).

② AFP-JIJI (2018)，"Love in Another Dimension: Japanese Man 'Marries' Hatsune Miku Hologram," *Japan Times*，https://www.japantimes.co.jp/news/2018/11/12/national/japanese-man-marries-virtual-reality-singer-hatsunemiku-hologram/#.XW-bHDFaG3B (Accessed on September 4, 2019).

③ Carpenter，*Culture and Human-Robot Interactions in Militarized Spaces*，同前文引。

经拯救了很多人的性命,但它不仅是一位救命"恩人"。布默的战友也认为它已经"培养出了自己的个性。"[①]

布默的案例让我想起了丹纳赫在上述文章的引言中提到的例子——他将此作为他捍卫机器人友谊的灵感:也就是《星球大战》系列电影中虚构的机器人 R2－D2。[②] 在电影中,这个机器人似乎被人类视为朋友和同事——尽管它看起来像一个倒置的有轮子的废纸篓,尽管它通过哔哔声和咔哒声交流,而不是像人类一样用语言交流。当然,在电影中,还有机器人 C－3PO——R2－D2 的同伴,它看起来更像一个由金属制成的人。C－3PO 当然有自己的个性,还有许多与人类相似的癖好。但这些电影中的人类似乎同样愿意把C－3PO和不太像人类的 R2－D2 一起纳入他们的朋友圈。

因此,无论是在电影中还是在现实生活中(比如戴维猫的案例或军用机器人布默的案例),人类可以在情感上依恋机器人,并将它们视为朋友的想法似乎是没什么好否认的。更有争议的是,这些把机器人视为朋友或伴侣的人(现实生活中的人或电影中的人)是否犯了某种错误? 机器人有能力回报人类对它们的感情吗?

拥有朋友通常被认为是生活中最美好的事情。关于真正友谊的价值和本质的哲学论述可以追溯到古典哲学,柏拉图、亚里士多德和西塞罗等作家的经典著作中都有关于爱和友谊的重要论述。

事实上,当哲学家们讨论人类和机器人是否有可能建立真正的友谊时,他们通常会从亚里士多德关于友谊的讨论开始。[③] 亚里士多德的著名论断是,"友谊"指涉不同种类的人际关系,并有着不同的价值。三种不同的友谊分别是[④]:

---

① Garber,"Funerals for Fallen Robots,"同前文引。
② Danaher,"The Philosophical Case for Robot Friendship," 5.
③ 例如,参见 Elder, *Friendship, Robots, and Social Media: False Friends and Second Selves*,同前文引。
④ Aristotle (1999), *Nicomachean Ethics*, translated by Terence H. Irwin, Indianapolis, IN: Hackett.

1. 实用友谊(utility friendships)：对一方或双方都有益处的关系。

2. 快乐友谊(pleasure friendships)：给一方或双方带来快乐的关系。

3. 美德友谊(virtue friendships)：建立在互相保有善意和祝福基础上的关系，包括互相钦佩和拥有共同的价值观。

在亚里士多德看来，每一种友谊都有其可取之处。但这里却有一个明显的等级差异：实用友谊和快乐友谊是"不完美的"，而美德友谊是友谊中最高级或最伟大的形式。其他类型的友谊不如美德友谊有价值。而且，就机器人是否可以成为我们的朋友并帮助实现友谊的独特的善的问题上，谈论它们也没什么意思。

可以肯定的是，机器人对人是有用的。它们也能给我们带来快乐。所以，至少从人的角度来看，机器人可以为我们提供一些与拥有实用友谊或快乐友谊相关的善。当然，人们也可以追问，机器人是否能得到任何快乐，或者与人类做朋友是否对它们有用。不过，与机器人是否能与人类建立美德友谊这个问题相比，刚才的问题并不那么有趣。因此，探讨机器人是否能与人类建立美德友谊将是我的关注点。这也是丹纳赫异常勇敢地宣称的我们能够与机器人建立的那种友谊[①]。

5.3 怀疑机器人的"人"际关系的诸种理由

在为人类和机器人建立美德友谊的可能性辩护之前，丹纳赫很好地总结了反对人类和机器人建立友谊的可能性的许多重要方面。正如丹纳赫所指出的那样，反对人类与机器人建立友谊的理由似乎

---

① 丹纳赫还在他的文章中捍卫了一个较弱论点，即机器人也可以以不同的方式增强人类之间的友谊。在这里，我将把这个较弱的论点放在一边，转而关注一个较强的论点，即我们可以与机器人成为美德的朋友。

相当有力。① 这就解释了为什么我刚才会说丹纳赫试图勇敢地捍卫人类和机器人建立美德友谊的可能性。既然我对丹纳赫关于机器人友谊的辩护感兴趣,我将按照丹纳赫的方式总结反对这种友谊的理由。然后,我将描述另外几个论点,这几个论点是从西塞罗和康德关于友谊的论述中衍生出来的。接下来,我将从丹纳赫的讨论开始。

丹纳赫指出,真正的友谊("美德友谊")至少有四个非常重要的方面,这些方面似乎让人对人类和机器人建立友谊的可能性产生了怀疑。② 这四个方面分别是:

1. 彼此亲密:朋友之间有共同的价值观、兴趣爱好,互相欣赏,互相祝愿。

2. 诚实/真诚:朋友之间要坦诚相待,不虚伪做作,展现真实的自己。

3. 平等:双方的地位大致是平等的,任何一方都不占主导地位或优越地位。

4. 交往的多样性:双方在许多不同的情境中以不同的方式交往。

美德友谊之所以有价值,部分原因在于,我们可以与朋友一起享受彼此亲密、真诚、平等以及交往的多样性。因此,如果我们能和机器人成为朋友,享有与美德友谊相关的善,那么我们就需要满足这四个方面。正如丹纳赫分析的反对机器人友谊的原因那样,这恰恰是这种友谊的前景所面临的问题。

以下是丹纳赫论证的梗概:

● **前提 1**:为了让某一对象(一个人或一个机器人)成为我们的有美德的朋友,我们需要有能力实现这些善:① 彼此亲密,

---

① Danaher, "The Philosophical Case for Robot Friendship."
② Danaher, "The Philosophical Case for Robot Friendship," 9 – 10.

② 真诚,③ 平等,以及④ 与该对象交往的多样性。

● **前提2:** 与机器人一起实现这些善是不可能的,因为机器人缺乏实现这些善的能力。

● **结论:** 机器人和人类不可能建立美德友谊。①

在观赏像《星球大战》这样的电影时,我们很可能会想象机器人能够满足这些善的条件,特别是如果我们不过多地考虑这在实践中会涉及什么。然而,在现实生活中,很难想象机器人能够满足这些条件。

例如,为了与我们拥有共同的价值观,机器人似乎需要有某种与价值观有关的"内在生命"(inner life)和态度。珍视某一事物通常被认为是一套复杂的态度和心理倾向。这些态度和心理倾向包括:除了其他事物之外,关心我们所珍视的事物、认为自己有充分的理由以某种方式行事(例如,以保护和尊重我们所珍视的东西的方式)、在情感上依恋我们所珍视的事物,等等。② 机器人是否能拥有包含如此复杂的态度和心理倾向的"内在生命"是值得怀疑的。其次,如果一个机器人的行为方式和一个朋友的行为方式一样,它这样做难道不是因为它被编程或被设计来这样做吗? 正如我和莉莉·弗兰克在之前的著述中所指出的,制造一个机器人伴侣看起来就像雇用一个演员"走过场",假装是我们的朋友。③ 真正的朋友和那些表现得像我们的朋友的人之间是有区别的。当谈到友谊和某人是否是我们真正的朋友时,"内心"的感受对我们来说似乎非常重要。再次,机器人和我们肯定不是平等的。正如罗伯特·斯派洛所说,很少有——如果有的话——有道德动机的人会把机器人当作我们在道德上的平等者。④

---

① Danaher, "The Philosophical Case for Robot Friendship," 10.

② Nyholm and Frank, "From Sex Robots to Love Robots,"同前文引。

③ Nyholm and Frank, "From Sex Robots to Love Robots,"同前文引,第223页。

④ Robert Sparrow (2004), "The Turing Triage Test," *Ethics and Information Technology* 6(4), 203-213.

最后,机器人是否有能力跨越不同的情境与我们展开互动？大多数机器人擅长在受控的环境中完成特定的任务。[①] 与人类不同,机器人一般无法在普遍性领域中具备灵活性。因此,就像丹纳赫所说的那样,"控诉的理由"(即反对机器人友谊的可能性的理由)似乎"相当有力"。[②]

5.4 丹纳赫为人-机器人友谊的辩护

丹纳赫在试图捍卫与机器人之间的美德友谊的可能性时,首先将他所说的"技术的"可能性和"形而上学的"可能性作了区分。[③] 当有人声称机器人不可能满足我们赋予友谊的标准时,这只是技术发展还不够深远("技术上的不可能性")的问题吗？还是说,机器人符合友谊标准的想法在原则上是不可能的("形而上学的不可能性")？如果是前者,那么机器人友谊的不可能性是相对于目前的技术发展状态而言的,而未来可能带来的技术发展将为机器人友谊铺平道路。相比之下,如果机器人的发展前景在达到友谊标准方面压根不可能(即"形而上学的"不可能性),那么机器人就永远不能成为我们的朋友。

在我们讨论丹纳赫关于机器人友谊的可能性(或不可能性)之前,我认为也许还有另一种可能性,我们在讨论时也应该牢记在心。这种机器人友谊的可能性我们不妨称之为"伦理上的可能性"。如果某件事不仅在技术上和形而上学上是可能的,而且在伦理上是可接受的,或者在伦理上是善的或正确的,那么它就是伦理上可能的。相反,如果某件事本身就存在伦理问题,那么它就不可能成为伦理

---

① Mindell, *Our Robots*, *Ourselves*, op. cit.; Royakkers and Van Est, *Just Ordinary Robots*,同前文引。

② Danaher, "The Philosophical Case for Robot Friendship," 11.

③ 同上。

上可能的。（我们有时说某些事情是"不可想象的"，我认为这通常表达了我在这里所说的伦理上的不可能性。）例如，我能够想象，乔安娜·布赖森（其观点我在之前的章节中提到过）会说，机器人的美德友谊在伦理上是不可能的。布赖森认为，机器人总是为人类所拥有（通过购买和出售），因此，我们应该避免制造具有足够高级能力的机器人，这在道德上是值得考量的。[①] 我们应该避免这种情况的原因是，如果我们制造出具有道德相关属性的机器人，我们就会创造出奴隶——也就是说，由我们买卖的道德主体。布赖森可能会说，这就使得我们在伦理上不可能拥有一个真正成为我们朋友的机器人，即使从技术上或形而上学上来说，创造一个具有相关能力和特征的机器人是可能的。因为主人和奴隶之间不可能有真正的友谊。

不论如何，让我们再回到丹纳赫的论点。他探讨了友谊的标准（包括彼此亲密、真诚、平等和多种多样的交往活动），继而提出疑问：就上述四个标准而言，机器人建立美德友谊究竟在哪些方面是不可能实现的？[②] 在平等和交往的多样性方面，丹纳赫认为这种可能性是一种技术的可能性。与此相反，在彼此亲密和真诚方面，丹纳赫认为，似乎不只是技术上的不可能，实则是技术上和形而上学上不可能性的混合。究其原因，乃是因为友谊的这两个方面，如前所述，往往与我们潜在朋友的"内在生命"相关：即关于他们的精神生活、意识或自我意识的事实。不过，还是让我们从丹纳赫所说的平等和交往的多样性开始谈起。

当谈到朋友之间应有的平等时，丹纳赫表示："大体来说，平等是一个人权力和能力的功能，机器人在权力和能力方面是否与人平等将取决于其物理资源和计算资源，这些资源的获得都需要技术创

---

① Bryson, "Robots Should Be Slaves."

② Danaher, "The Philosophical Case for Robot Friendship," 11 - 12.

新。"①换句话说,丹纳赫认为,平等取决于一个人拥有什么样的权力和能力。并且他认为,机器人的权力和能力可以发展到与人类相类似的地步。因此,人类和机器人之间的不平等只不过是当前技术发展的产物,也是未来可以被消除的东西。

除了这个一般性观点外,丹纳赫还提出了另一个关于平等的观点——这一观点与交往的多样性相关。② 对于这两个问题(即平等和交往的多样性),丹纳赫指出,我们应该接受一种弱化的或不那么严格的理解。③ 丹纳赫首先问到,在现实世界中多数朋友之间的平等程度如何? 我们和我们的朋友难道在权力和能力方面没有明显的不同吗? 在许多权力和能力方面,我们与我们的朋友大致上(也许只是非常大致地)不相上下。然而,我们认为我们拥有朋友。因此,在机器人的案例中,机器人的权力和能力也和我们有所不同,我们不应该过于严苛地要求它们与我们在权力和能力方面的平等。

类似地,丹纳赫指出,我们应该降低对朋友之间交往的多样性的要求。毕竟,我们只在一些特定的情境中与朋友交往。我们也只和朋友一起做一些特定的事情。那么我们为什么会要求我们的机器人朋友更多? 下面我将对这些问题给出批判性的回应。首先,我来谈谈丹纳赫为机器人的"人"际关系辩护中最引人注目和最有趣的部分:即他的"伦理行为主义"(ethical behaviorism)。

当谈到朋友之间是否有共同的价值观、兴趣爱好以及亲密感情,或者谈到朋友在与我们的交往中是否诚实可靠时,丹纳赫所做的第

---

① Danaher, "The Philosophical Case for Robot Friendship," 11.

② 同上。

③ 对于另一个怀疑的立场,即友谊中互动的多样性,参见 Elder, *Friendship, Robots, and Social Media: False Friends and Second Selves*,同前文引。亦可参见 Elder's discussion with John Danaher in his podcast interview with her: John Danaher and Alexis Elder (2018), "Episode #43—Elder on Friendship, Robots and Social Media," *Philosophical Disquisitions*, https://philosophicaldisquisitions.blogspot.com/2018/08/episode-43-elder-on-friendship-robots.html (Accessed on September 4, 2019).

一件事就是建议我们把这些行为表现看作是朋友的一贯行为表现（consistent performances）。① 在丹纳赫看来，我们无法进入朋友的内心世界。我们所能依据的就是他们外在可观察的行为和表现。如果一个人的行为就像作为朋友应该做的那样，而且他总是这样做，那么就可以断定这个人是我们真正的朋友。至少丹纳赫是这么认为的。因此，我们没有正当的理由对机器人采用更高的标准，这是不公平的。如果它们能够表现得就好像它们与我们的关系是亲密且真诚的，并且能始终如一，那么我们就应该充分相信，这些机器人有可能成为我们潜在的朋友。当丹纳赫思考机器人是否能拥有和我们一样的"内在生命"这个形而上学的问题时，他实际上是把这个形而上学的问题变成了一个我们究竟可以了解朋友到何种程度的认识论问题。确切地说，丹纳赫把这一问题转化为另一个问题，即我们有多少证据来证明表面上的朋友（apparent friends）——无论是人类还是机器人——具有符合朋友这一标准的"内在生命"。

因此，问题不在于机器人是否真的拥有人类朋友所具有的态度或精神生活，而在于，机器人的行为方式是否与那些有正确态度和"内在生命"的朋友的行为方式足够相似。如果机器人能够以足够的一致性来扮演朋友的角色，那么，丹纳赫认为，我们应该把这视为机器人具有成为我们朋友的可能性。同样地，当大卫·列维讨论人与机器人之间的爱情时，他写道，如果机器人告诉我们它们爱我们，并表现出爱我们的样子，我们应该从表面意思上理解这种爱并且承认机器人爱我们。② 毕竟，如果有人向我们倾诉他们的爱慕之情，并且表现出爱我们的样子，我们通常会认为他们爱我们。丹纳赫和列维想要知道的是，我们为何反而对机器人提出更高的标准。丹纳赫补充说，对于人类朋友而言，更高的标准是不可能的，因此，他认为我们

---

① Danaher, "The Philosophical Case for Robot Friendship," 12.引自 De Graaf, "An Ethical Evaluation of Human-Robot Relationships,"同前文引，第 594 页。
② Levy, *Love and Sex with Robots*，同前文引，第 11 页。

不应该对机器人有更高的标准。[1]

5.5 对丹纳赫机器人友谊之哲学论据的批判性评估

我对丹纳赫关于机器人友谊的哲学论据的观点印象深刻,但并不信服。首先,我们来探讨丹纳赫对平等问题的处理。回想一下,丹纳赫的第一步是主张平等是人的权力和能力的一种功能。第二步是认为机器人可以拥有与人类相似的权力和能力。第三步则是追问,朋友之间的权力和能力要有多平等:我们可以和那些在权力和能力方面与我们不大相同的人交朋友。关于这个论点,在我看来,我们所要求的朋友之间的平等主要不是权力和能力上的平等,而是身份或地位上的平等。

想想玛丽·沃斯通克拉夫特(Mary Wollstonecraft)[2]在《女权辩护》(*A Vindication of the Rights of Woman*)中对婚姻的经典论述。[3] 沃斯通克拉夫特在 18 世纪晚期写就了她关于爱情和婚姻的经典之作,那个年代的男人和女人在他们各自的权利上是不平等的——妻子不能拥有自己的财产,而丈夫比妻子拥有更多的权利。沃斯通克拉夫特的著名论断是,权利和地位上的平等使得男人和女人不可能在婚姻的范围内享受真正的爱情和友谊。沃氏认为,友谊和爱情只能在权利和地位平等的人之间实现。她的结论是,除非修改婚姻法,促进男女平等,否则丈夫和妻子无法在婚姻中获得真正的友谊和爱情。事实上,许多经典的关于友谊的讨论皆如是说,例如,

---

① 丹纳赫引用了艾伦·图灵关于机器智能的著名论点,作为他推理的灵感来源。关于图灵的经典论述,可见 Alan M. Turing（1950）,"Computing Machinery and Intelligence," *Mind* 49, 433 – 460.我们也将在下一章回顾图灵和他的图灵测试(Turing Tests)。

② 玛丽·沃斯通克拉夫特(1759—1797),英国女作家、哲学家和女权主义者,被誉为女权主义的开山鼻祖。——译者注

③ Mary Wollstonecraft（2009）, *A Vindication of the Rights of Woman*, New York: Norton & Company.

米歇尔·德·蒙田（Michel de Montaigne）在《随笔集》（*Essays*）中对友谊的讨论[1]。蒙田专注于讨论同性之间的友谊和婚姻之外的友谊，这正是因为在当时婚姻这一制度太不对等或不平等了，因而夫妻之间不可能拥有友谊。[2] 在这里，我认为重点是，如果人类和机器人能够成为朋友，那么他们需要实现的平等不是权力（powers）和能力上的平等，而是权利（rights）和道德地位上的平等。在当今社会，人与机器人之间的不平等当然存在，而且这种不平等也可能永远存在。[3] 正如我上面提到的，乔安娜·布赖森认为人与机器人是不可能平等的，因为机器人是我们买卖的人工制品。因此，即使我们制造的机器人具有与人类同等的权力和能力，它们也只能是奴隶。[4] 这可能被视为人类和机器人友谊的"伦理上的不可能性"。

当论及交往的多样性问题时，丹纳赫也削弱了对朋友之间交往多样性的要求。正如我所论及的，他问道：即便是跟那些我们认为的相当要好的朋友，我们究竟能够多频繁、在多少情境中与他们展开交往互动？为了回应丹纳赫的这一问题，我想以菲利普·佩蒂特所谓对友谊的"强烈要求"（robust demands）作为观察视点。[5] 这一思想并不是说朋友之间一定会在各种不同的情境和条件下展开交往互动。也许他们没有任何理由这样做。这一思想是要表达，友谊是一种理想，需要在某些情况下发生——例如，如果发生紧急情况且我们需要帮助——那么我们的朋友应该愿意为我们提供帮助和关心。

如果一个人只在我们与他交往互动的特定情境中表现得像朋友，而在其他情况下却不这样做（比如更有挑战性的情况），那么我们

① Michel de Montaigne（1958），*The Complete Essays of Montaigne*，Palo Alto，CA：Stanford University Press.

② Stephanie Coontz（2005），*Marriage，A History: From Obedience to Intimacy or How Love Conquered Marriage*，London：Penguin.

③ 引自 Gunkel，*Robot Rights*。

④ Bryson，"Robots Should Be Slaves，"同前文引。

⑤ Philip Pettit（2015），*The Robust Demands of the Good: Ethics with Attachment，Virtue，and Respect*，Oxford：Oxford University Press.

就会评价此人只不过是一个"酒肉朋友"(fair weather friend)。因此，对于机器人朋友来说，真正的挑战是，在我们与机器人互动的实际情境中，不能以某些类似朋友的方式行事。真正的挑战是让机器人具备朋友应具备的秉性(dispositions)。机器人应该具备这样的秉性，即它在各种情况下都能表现得像朋友一样，在这些情况下，人们有一种符合常理的期望(normative expectation)，即朋友应该在那里帮助我们，给予我们关爱，或者，机器人应该在我们能想象到的任何场景（尽管实际可能不会发生）中，为我们做任何我们期待一个朋友该做的事。

接下来让我们思考一下丹纳赫的道德行为主义在友谊中的应用。我当然愿意承认这样一个前提，即当我们判断一个人是否是我们真正的朋友时，我们的根本依据是外在可观察的此人的行为，包括此人的言语行为（即他所说的话），这是一种直接且无可辩驳的证据。但我认为我们不应该把在认识上相信某人是朋友的理由或证据与我们所珍视的朋友身上具有的价值等同起来。换句话说，我们在朋友身上看重的东西应该区别于我们对朋友的肯定与了解。

举例来说，基于某个人的某些行为，我可能会认为他是我的朋友。但是，我之所以会基于这个朋友的行为做出这样的判断，在某种程度上，是因为他的行为揭示了他可能持某些态度或拥有某些心智属性。[①] 当我把某人当作朋友时，这些态度和心智属性是我看重的很大一部分。当然，有些人可能缺乏这些态度和心智属性，只是我误以为他们具备。所以，当我错误地认为除了我所观察到的行为之外，某些人身上还有一些别的东西——某些潜在的态度和心智特征——值得我重视的时候，我可能会把他们当作朋友。但在一般情况下，我们相信我们周围的人确实拥有所有（或者至少其中许多）我们认为的

---

① 引自 Pettit, *The Robust Demands of the Good*，同前文第 1 章引。

他们所拥有的态度。当我们视他们为朋友时，我们这么做在很大程度上是因为，我们把这些态度和心智属性视为他们成为我们朋友的原因之一。

让我们想想日本机器人研究员石黑浩和他以自己为原型创造的机器人的案例。① 这个机器人复制品看起来令人印象深刻。如果从远处看，很难把石黑浩本人和机器人区分开来。再假设该机器人的人工智能已经发展到难以区分石黑浩本人的行为与其机器人复制品的行为的程度。假设石黑浩的行为让我把他当成我的朋友，机器人复制品的行为亦复如是。就这两者而言，我可能会认为，不论是石黑浩本人还是其机器人复制品都具有朋友应该有的态度和心智属性（但我对后者的看法是错误的）。结果，我可能会把他们俩都当作我的朋友。但我们也可以想象石黑浩本人确实具有这些态度，而机器人复制品只是表现得好像它有这些态度。在这两种情况下，我可能有相同的理由相信，我可以把他们两个当作我的朋友。但在后一种情况下，所有我看重的东西都不存在（因为机器人缺乏我所重视的态度和心智属性）。而在前一种情况下，所有我看重的东西都存在（因为石黑浩确实拥有我所看重的态度和心智属性）。

由此看来，如果我们接受丹纳赫的观点，则石黑浩本人及其机器人复制品是否拥有成为我们朋友的心智属性并不重要。只要他们的行为一致，他们对我来说都是同样有价值的朋友。毕竟，它们的行为可能非常相似，以至于我无法分辨谁是机器人、谁是真人。但如果我看重的是他们事实上拥有的态度和心智属性——如果这两者中只有一个真正拥有这些态度和心智特征——那么在我看来，这两者中只有一个是真正的朋友，尽管他们都向我提供了同样的行为证据，表明他们是我的朋友。

---

① 正如之前的脚注所说，关于石黑浩和他的机器人的图片与信息，可参见网站 http://www.geminoid.jp/en/index.html（Accessed on August 20, 2019）.

5.6 好人与好朋友

让我们暂时回到布默的案例中。布默是一个军用机器人,它在士兵中非常受欢迎,所以部队想为它举行一场军事葬礼并授予其荣誉勋章。这些通常是我们对一个牺牲的战友或十分敬重的同事所采取的行为举措。这些行为举措引出了美德友谊的一个方面,丹纳赫在他的文章中并没有提到,但我认为这是在这一语境下值得讨论的另一件有趣的事情。我所指的是西塞罗在《论友谊》(*Treatise on Friendship*)中详细论述的事情,《论友谊》在很大程度上是建立在亚里士多德对友谊的讨论之上的。① 我所论及的乃是一个具有美德的朋友的"美德"部分。

在西塞罗看来,一个人成为另一个人的朋友的动机,通常是出于对在另一个人身上所感受到的美德或良善的回应。换句话说,如果某人看起来有某种美德(即良善的个人品质),我们很可能会想要成为那个人的朋友。因此,友谊就是对在另一个人身上所感受到的良善的回应。西塞罗认为,这意味着,要成为他人真正的朋友,某人必须有真正的良善品德。如果一个人并不良善——或者不够良善——那么他们就不能在亚里士多德所谓的美德友谊的意义上成为真正的朋友。

当西塞罗讨论这个观点时,他写道,我们不应该把判断谁是好人、谁不是好人的标准提得太高。② 相反,如果一个人通常被认为是好人,那么我们就应该承认他是好人。我们不应该对好人的标准有不切实际的期望与要求。好人不需要是完美无缺的人。他们需要有那种能让我们把一个人视为好人的个人特征。这意味着,虽然有些

---

① Cicero (1923), *Cicero: On Old Age*, *On Friendship*, *On Divination*, translated by W. A. Falconer, Cambridge, MA: Harvard University Press.

② 同上。

人可能并没有他们所表现得那么好，因而也不可能成为我们认为他们能成为的那种朋友，但很多人确实良善，因此可能成为我们潜在的朋友。西塞罗认为，我们与这些人的友谊会被他们感受到的良善所激发。只要他们保持良善的品质，我们就有可能和他们保持好朋友的关系。然而，如果他们失去了这些良好的个人特征，这可能意味着他们很难甚至不可能与我们保持真正的朋友关系。

我援引西塞罗的《论友谊》并对友谊和个人美德展开论述，乃是因为这些思想资源可以成为人-机器人友谊前景的另一个有趣的挑战。让我们和西塞罗一样，把友谊（至少在美德意义上的友谊）看作是对在另一个人身上感受到的良善或美德的回应。让我们接受这个建议，即如果一个人被证明不是一个好人，那么他们就不能成为一个好朋友（至少不是一个具有美德的朋友）。这意味着要让机器人成为有美德的朋友，机器人必须是良善的。也就是说，机器人必须拥有美德或其他个人特质，让我们有理由认为它是良善的。

这里可能有人会说机器人无法具有人类那样的良善。这可能是因为机器人缺乏像人类那样的内在生命，而具有某种心智属性是成为一个良善的人的必要条件。例如，一个良善的人是那些出于良善动机和良善意图去做善事的人。我们可能会认为，机器人可以做一些看似好的事情。比如说，军用机器人布默通过履行一些行为（如拆除炸弹）来挽救一些人的生命。但机器人的行动可能不会基于我们认为的良善动机或良善意图。因此，在拯救某些人的生命时，布默可能不会表现出自己是一个良善的人或一个有美德的人，而一个良善的人做同样的事可能会证明他或她是一个良善的人。因此，机器人可能不适合做一个有美德的朋友，即使它的行为方式可能是良善的。这是因为机器人可能缺乏成为一个良善之人所必要的态度、心智属性或内在生命——这些是一个人能够成为另一个人的朋友的条件。同样，机器人可能会给我们带来快乐，可能会对我们有用。但如果机器人无法拥有良善的品质，它就不能成为一个有美德的朋友（更多相关讨论参见第7章）。

让我们再思考一下启蒙哲学家康德在《道德形而上学》(*Metaphysics of Morals*)中对友谊的论述。① 康德写道,在最高的"道德友谊"中,朋友之间的关系建立在爱和尊重的基础上。② 康德所说的"爱"是一种对另一个人幸福的关心和促进他幸福的愿望。康德所说的"尊重"是一种将另一个人视为一个有实践理性和自由意志的道德行动者。康德写道,我们对朋友的爱让我们更亲近他们。但我们的尊重,他有趣地补充道,使我们与他们保持一定的距离。③ 如果我理解正确的话,康德的意思是,如果我们尊重一个朋友,我们需要尊重他的意愿,给他自己的空间。但康德也指出,我们要将对方视为在道德上拥有与我们平等的地位,和我们一样有资格来决定什么是对的、什么是错的,或者决定我们作为一个道德共同体(康德称之为"目的王国")④的成员应该共同遵守什么规则。

这也引出了另一个关于是否有可能与机器人成为朋友的观点:这个观点的前提是,为了让某人可能成为我们的朋友,必须有可能在相互友爱和相互尊重的基础上与其建立联系。换句话说,双方必须能够相互祝愿对方幸福,也必须能够相互尊重对方的人格并相互把对方看作是道德社会的平等成员。问题再次出现,机器人是否能进入这种相互友爱和相互尊重的关系。机器人不仅应该向我们表达爱和尊重,也需要有让我们对它们表达爱和尊重的特性。机器人能在道德上与我们平等吗? 我们能够且应该尊重它们的意志和愿望吗?

---

① Immanuel Kant (1996)，*The Metaphysics of Morals* (*Cambridge Texts in the History of Philosophy*)，edited by Mary Gregor，Cambridge：Cambridge University Press.

② Immanuel Kant (1996)，*The Metaphysics of Morals* (*Cambridge Texts in the History of Philosophy*)，edited by Mary Gregor，Cambridge：Cambridge University Press. 216 - 217.

③ 同上。

④ Immanuel Kant (2012)，*Immanuel Kant: Groundwork of the Metaphysics of Morals*，*A German-English Edition*，edited by Mary Gregor and Jens Timmermann，Cambridge：Cambridge University Press，101.

机器人能够同我们一样作出是非对错的判断吗？这些问题我将在第8章进行探讨。

5.7　余论

亚里士多德的论述值得我们留意的是，"友谊"这个词可以指涉许多不同的事物。例如，在脸书等社交网站上成为"好友"可能仅仅意味着一方在某个时刻向另一方发送了好友请求，另一方接受了该请求。这两位"朋友"可能并不认识，可能在现实生活中从未谋面。因此，当谈及我们是否可能和机器人建立某种程度的友谊时，在某种意义上，与机器人成为朋友是完全可能的，或许也是恰当的。因此，我们确实有可能与洛克茜、萨曼莎和哈莫尼这样的机器人成为朋友。但这种与机器人的"友谊"是相当打折扣的，而且也缺乏趣味。

丹纳赫更大胆的论点——与机器人成为"美德的朋友"是可能的——是一个更有趣的命题。为了挑战这一命题，我提出了各种不同的反对意见。其中一些反对意见以及与之相关的观点，我将不再作进一步讨论。然而，另外一些观点我将会在接下来的几章中继续深入讨论。在下一章中，我将讨论与机器人有关的读心术。我也将讨论机器人是否可以在某种意义上是良善的（他们是否有美德，是否有义务并履行义务），以及在任何时候将机器人纳入道德共同体是否有意义。这些主题将在第6章至第8章探讨。

为了结束这一章，我想非常简单地评论一下制造机器人是否存在一些违反伦理的事项——诸如洛克茜、萨曼莎和哈莫尼这样的机器人——它们可能"爱"它们的主人，但从更有趣的意义上讲，它们可能无法真正参与到与它们主人的友谊中。在我看来——我和莉莉·弗兰克在其他地方详细讨论过这个问题[1]——至少有三个伦理问题

---

[1] Nyholm and Frank，"It Loves Me，It Loves Me Not，"同前文引。

需要认真对待。

第一个伦理问题是我在上面已经提到过的。即,如果机器人被设计成看起来能够成为我们的朋友,但实际上却不具备朋友需要具备的能力,这可能是一种欺骗。制造这种机器人很可能会欺骗用户,让他们误以为机器人实际具有什么能力,这在道德上是有问题的。① 第二个伦理问题是,弱势群体(例如,孤独的人)似乎存在道德上的显著风险,这些道德风险会被一些公司利用,这些公司开发的机器人旨在表现出对它们主人的喜爱。这似乎就造成了对弱势群体进行剥削的真实风险。第三个伦理问题是,正如雪莉·特克尔(Sherry Turkle)②在她所谓的"机器人时刻"(robotic moment)的讨论中指出的那样③,一个值得认真对待的担忧是,如果人们花太多时间在机器人身上,并把机器人当作是他们的朋友,这可能会使他们无法成功地参与到与其他人类的爱情或友谊中。

人类是复杂的、难以理解的。要成为一个好朋友或好伴侣,需要有能力和耐心来处理人类复杂性的不同方面。之前提到的喜爱"虚拟女友"胜过真实女友的日本宅男们在接受采访时表示,他们更喜欢这些虚拟女友,部分原因正是她们没有人类那么复杂。④ 这确实引起了人们的担忧,如果用机器人朋友代替真正的朋友成为一种普遍的做法,这可能会对一些人的社交技能产生负面影响。一些人可能就此自我剥夺学习如何成为其他人的好朋友的机会,进而也就失去了与其他人建立更深刻和更有意义的友谊的机会。

---

① Margaret Boden, Joanna Bryson, Darwin Caldwell, Kestin Dautenhahn, Lilian Edwards, Sarah Kember, Paul Newman, Vivienne Parry, Geoff Pegman, Tom Rodden, Tom Soreell, Mick Wallis, Blay Whitby, and Alan Winfield (2017), "Principles of Robotics: Regulating Robots in the Real World," *Connection Science* 29(2), 124–129.

② 雪莉·特克尔,美国麻省理工学院教授,研究方向是科学、技术与社会。——译者注

③ Sherry Turkle (2011), *Alone Together: Why We Expect More from Technology and Less from Each Other*, New York: Basic Books.

④ Rani, "The Japanese Men Who Prefer Virtual Girlfriends to Sex,"同前文引。

第 6 章

机器人的读心术

6.1　图灵测试

在 2014 年的科幻电影《机械姬》中，一个名叫凯勒布(Caleb)的天才程序员赢得了一场比赛，可以与南森(Nathan)一起在一间隐蔽的豪华房子和研究室中度过一周。南森是凯勒布工作的"蓝书"(blue book)公司的首席执行官。在南森上任不久，凯勒布便很快得知，他将参加一个升级版的"图灵测试"。① 在他们俩的早期对话中，南森问凯勒布是否知道何为"图灵测试"。"是的"，凯勒布答道："当一个人与计算机互动时，如果这个人并不知道他在与一台计算机互动，那么这个测试就算通过了。"南森则问凯勒布："通过图灵测试意味着什么？"凯勒布回答说："意味着计算机拥有人工智能。"然而，在电影中，升级版的图灵测试似乎是关于一个名叫艾娃(Ava)的机器人能否让凯勒布相信她有类似人类的意识。从外表上看，艾娃有点像第 1 章中提到的机器人索菲娅。艾娃有一个机器人般的身体，但却有一张与人类非常相像的脸庞。通过与凯勒布的交流，艾娃能够说服凯勒布，让他相信她不仅是有意识的，而且被他吸引，对他产生了感情。她还设法让凯勒布也对她产生感情，从而回报她。

在影片的后半段，南森试图让凯勒布恢复理智，他说道："真正的测试是什么？你！艾娃就像迷宫里的老鼠，我只给了她一条出路。要想逃离，她必须利用自我意识、想象、谋略、性与同情，她做到了。

① Alan M. Turing (1950), "Computing Machinery and Intelligence," *Mind* 49, 433 - 60. See also Graham Oppy and David Dowe (2019), "The Turing Test," *The Stanford Encyclopedia of Philosophy*, Edward N. Zalta (ed.), https://plato. stanford. edu/archives/spr2019/entries/turing-test/.

如果这不是真的人工智能，那还能是什么？"果然，在故事的结尾，艾娃就是这么做的：她利用南森描述的那些东西，引诱凯勒布帮她逃离研究室。凯勒布和南森被困在这所僻静的房子里，所有的门都锁上了，也找不到明显的出口。

这部电影是对人工智能、机器人以及我们人类试图解读任何行为类似人类或像人类那般智能的事物的一种有趣的思考。当然，这是一部科幻电影。可能有人会想，这部电影是否能够告诉我们人与机器人在现实世界中交流互动的伦理问题。至少，这部电影凸显了我们在未来（也许在不太遥远的未来）可能面临的问题：我们是否应该反思将心智赋予机器人的问题。可以肯定的是，在我们大多数人准备通过反思认可我们的这种倾向之前，人类会本能地或不假思索地开始将不同的心智状态和属性赋予机器人。在某些情况下，人们会对机器人（或任何其他机器）是否有任何意义上的心智有不同的意见。

例如，最近许多科技新闻媒体报道了一个由哥伦比亚大学制造的机械臂的故事。[①] 机械臂的创造者声称，经过 35 个小时的学习/探索，它已经形成了一种基本的"自我意识"。研究人员的这一说法究竟意欲何为还有待商榷。但一些批评人士很快就发表了公开声明，试图反驳这一观点。例如，诺埃尔·夏基在天空新闻（Sky News）上对这种机械臂已经发展出自我意识之类的说法"泼了冷水"。[②] 也许夏基认为，研究人员为他们的机械臂提出了比实际情况更有力的主张。但是，许多媒体报道这种机械臂的方式，听起来就像这是我们朝

---

① 例如，参见 Brid-Aine Parnell (2019)，"Robot, Know Thyself: Engineers Build a Robotic Arm That Can Imagine Its Own Self-Image," *Forbes*, https://www.forbes.com/sites/bridaineparnell/2019/01/31/robot-know-thyselfengineers-build-a-robotic-arm-that-can-imagine-its-own-self-image/#33a358274ee3 (Accessed on August 26, 2019). 原创科学论文所涉及的相关结果，参见 Robert Kwiatkowski and Hod Lipson (2019)，"Task-Agnostic Self-Modeling Machines," *Science Robotics* 4(26)，eaau9354。

② https://twitter.com/RespRobotics/status/1091317102009634817 (Accessed on August 26, 2019).

着具有全意识的（fully conscious）和自我意识的机器人迈出了第一步。① 如果我没理解错的话，夏基的主要目的是提醒公众不要太相信他的说法。

本章的目的是反思我们人类的偏好，即自然地将思想和心智状态赋予任何类似于人类或拥有类似于人类智能的事物。本章特别关注这种人类偏好究竟对人与机器人的互动伦理意味着什么。我认为，当我们思考人类应该如何对待机器人，以及机器人应该如何对待人类时，这是我们无法回避的话题之一。

在讨论这个话题时，我首先要做的是对不同的读心术进行大致的区分，我认为，当我们反思人类对读心术的偏好时，记住这些区分是大有裨益的。我将考虑一些最近关于在人与机器人交互中读心术的哲学和实证讨论。我将通过简要地探讨机器人是否在任何意义上拥有心智这一方式结束本章。

6.2 不同类型的读心术

读心术、心智-感知（mind-perception）、心智化（mentalizing）、心智理论以及心智状态归因（the attribution of mental states）——不同的学术领域和不同的研究人员使用不同的术语来描述相同的事物或同一事物的某些方面。② 我将主要使用"读心术"这一术语。但我认为，这是指一些研究人员更喜欢称之为"心智理论"的东西，或者他们可能使用的任何其他表达（比如"将心智状态赋予他人"）。

我所说的读心术在不同的领域中皆有研究，包括但不限于哲学

---

① 例如，参见 Columbia University School of Engineering and Applied Science (2019)，"A Step Closer to Self-Aware Machines—Engineers Create a Robot That Can Imagine Itself," *Tech Explore*，https://techxplore.com/news/2019-01-closer-self-aware-machinesengineers-robot.html (Accessed on August 26, 2019)。

② Heyes，*Cognitive Gadgets*，同前文引。

和心理学领域。有趣的是，很多研究都倾向于关注我所说的某一特定层面或某种类别的读心术：也就是说，对特定心智状态的归因，例如特定的意图、特定的信念或欲望。举例来说，研究猴子是否会运用读心术的人所感兴趣的是猴子是否将特定的意图、信念或欲望赋予其他猴子。① 这一点是可调查的，比如说，通过观察和分析一些场景，在这些场景中，一只猴子可能会误导另一只猴子，让后者找不到想要的水果的位置。② 如果一只猴子故意误导另一只猴子，这表明这只猴子对另一只猴子关于水果在哪的看法有自己的信念。关于非人类动物是否和人类一样会读心术，以及在多大程度上会读心术，有许多有趣的研究。③

说到人类的读心术，我认为当我们反思我们的这一偏好（以及这一偏好如何与我们和机器人的互动发生关联）时，应当首先牢记，读心术可以或多或少地把其他人心智的普遍方面作为其对象。

这里有一些（但可能不是所有的）读心术类型：

- **意识归因（Attributions of consciousness）**：我们把意识赋予彼此，或者有时缺乏意识，比如有人晕倒的时候。
- **对特定心智状态的归因**：我们将许多不同的心智状态赋予他人，比如特定的信念、欲望、希望、愿望、意图、情感，等等。
- **对普遍性格特质的归因**：我们把性格特质或个性特质赋予他人，既包括美德，也包括恶习，比如善良、慷慨、可爱、自私，等等。
- **自我归因，有时是"真实自我"（true self）归因**：我们把更宽泛、更复杂的人格特征归结为一个人的"自我"，比如我们有时

① 对其中一些研究和哲学讨论的概述，可参见 Kristin Andrews（2017），"Chimpanzee Mind Reading：Don't Stop Believing," *Philosophy Compass* 12(1)，e12394。
② Dorothy L. Cheney and Robert M. Seyfarth（1990），*How Monkeys See the World：Inside the Mind of Another Species*，Chicago：University of Chicago Press，195.
③ Andrews，"Chimpanzee Mind Reading,"同前文引。

会认为人们的行为方式似乎与我们认为的他们的"真实自我"不相符。

我认为这些都是解读他人心智时所涉及的方面，如果我们把"解读他人想法"理解为对他人的心智所形成的信念，并将不同类型的心智状态或属性赋予他们。[①] 然而，许多关于读心术研究的出版物只关注其中一个层面，通常是上面提到的第二个层面。例如，当研究者讨论读心术时，他们通常并不讨论基本类型的读心术，就是我在上文中所列出的第一个类型：将意识赋予他人。但这确实是一种重要的读心术类型。判断一个人是否（仍然）有意识有时是非常重要的。如果某人发生了事故或有医疗紧急情况，这甚至可能是生死攸关的事情。

我们如何与周围的人互动很大程度上取决于我们认为他们是有意识的还是没有意识的。在一些情况下，人们并不认同这一点。举例来说，对于医院里某个特定的病人是否能意识到他或她所处的环境，或者这个病人是否患有某种更为极端的"意识障碍"，可能存在专业上的分歧。[②] 研究意识障碍的医学研究人员正在做很多有趣的、在伦理上非常重要的研究，这些研究是关于病人是否在某种程度上缺乏特定的意识，我们把这些病人称为"最低意识状态的病人"（minimally conscious patients）。[③] 生命伦理学家约瑟夫·芬斯（Joseph Fins）博士在他的著作《浮现在脑海中的权利》（*Rights Come to Mind*）中指出，许多处于最低意识状态的病人对周围环境的意识比

[①] 当然，还有一种我们或可称之为"自我导向的读心术"（即，对我们自己思想的思考），但我在这里把这种读心术放在一边，因为在本章中，我主要感兴趣的是任何可能涉及人-机器人互动的读心术。

[②] Joseph Fins (2015), *Rights Come to Mind: Brain Injury, Ethics, and the Struggle for Consciousness*, Cambridge: Cambridge University Press.

[③] Andrew Peterson and Tim Bayne (2018), "Post-Comatose Disorders of Consciousness," in Rocco J. Gennaro (ed.), *Routledge Handbook of Consciousness*, New York: Routledge, 351 – 365; Andrew Peterson and Tim Bayne (2017), "A Taxonomy for Disorders of Consciousness That Takes Consciousness Seriously," *AJOB Neuroscience* 8 (3), 153 – 155.

许多医疗机构认为的要多得多。① 芬斯认为，由于这个原因，存在着严重的道德风险，因为许多最低意识状态的病人没有得到他们应得的恰当的道德关怀。

这就引出了我想在这里提到的另一个区别。我认为很重要的一点是，区分直觉读心术（intuitive mind-reading）和需要反思或努力的读心术（reflective or effortful mind-reading）。我们的社交大脑（social brains）不断自发地与我们互动的每个人进行直觉读心术。但有一些人则"很难解读"。所以我们有时需要更努力、更专注地思考他们可能在想什么。② 就像我刚才说的，还有一些研究人员正在探索不同的方法，试图解读那些无法报告自己在想什么（如果有的话）的人的思想：比如那些患有意识障碍的病人，他们的意识水平尚不明晰。这样的研究需要反思或努力的读心术，而不是直觉和自发的读心术。

存在这两种读心术意味着它们之间可能会有冲突或分歧。例如，当我们自发或直觉地将某些心智状态或心智特征赋予某人时，我们可能同时会通过推理得出这样的结论，即我们的直觉读心术在某种程度上是错误的。也许我真的愿意相信医院里的一个亲戚知道我的来访。也许我会自发地把我亲戚的面部表情理解为他或她处于某种心智状态。但与此同时，我可能会通过推理得出这样的结论：我可能错了，我的亲戚实际上可能并没有意识到我的来访。或者事情正相反。我的直觉或自发的读心术可能会告诉我，某人并没有处于某种心智状态（也许是因为他们是一个好演员）。但我还是可以通过推理得出结论，认为某个人处在某种心智状态。这个人可能会说"我没生气"，而且看起来好像是对的。但是，无论对错，我都可能认为这个人一定是在生我的气。

---

① Fins, *Rights Come to Mind*.
② 在第 1 章中用到的术语中，读心术涉及我们对他人信息的"二重处理"。关于心智的二重处理理论，参见 Kahneman, *Thinking, Fast and Slow*，同前文引。

在讨论机器人和读心术之前，我还会提到读心术的最后一个区别。读心术的理论化有时会区分出，他人的心智是根据他们的能动性来评估的，还是根据他们的耐性（patiency）来评估的。[①] 前者指的是把积极或能动的心智过程赋予他人的读心术，如决策或推理。后者指的是将消极或经验上的心智状态赋予他人的读心术，包括但不限于快乐和痛苦。从广义上讲，这与某人在想什么和想知道某人在想什么之间的区别是一致的。当然，思考和感觉通常是密切相关的。我们的想法取决于我们的感觉，反之亦然。但在有关读心术的哲学和其他形式的研究中，我们或许需要反思一下，与能动性相关的读心术和与耐性相关的读心术之间是否存在着重要或有趣的区别。

6.3 一种"朝向灵魂的态度"?

在上一节中，我讨论过人能读懂其他人的心思，也能读懂动物的心思（比如猴子的心思），以及动物也能读懂其他动物的心思（比如一只猴子读另一只猴子的心思）。现在让我们回到人与机器人之间的交往互动。需要注意的第一件事情是有人怀疑当人类与机器人互动时，人类是否会、或是否应该运用读心术。

例如，罗伯特·斯派洛在一篇他称之为"图灵分类测试"的文章中讨论了读心术。[②] 在那篇文章中，斯派洛追随彼得·温奇（Peter Winch）（温奇受到了路德维希·维特根斯坦对读心术之反思的启发）。斯派洛效仿温奇，将读心术描述为温奇所说的"一种朝向灵魂的态度"（an

---

① Minha Lee, Gale Lucas, Jonathan Mell, Emmanuel Johnson, and Jonathan Gratch (2019), "What's on Your Virtual Mind?: Mind Perception in Human-Agent Negotiations," *Proceeding of the 19th ACM International Conference on Intelligent Virtual Agents*, 38-45; Heather M. Gray, Kurt Gray, and Daniel M. Wegner (2007), "Dimensions of Mind Perception," *Science* 315(5812), 619.

② Sparrow, "The Turing Triage Test,"同前文引。

attitude towards a soul)。① 如果我的理解正确的话,这一想法在某种程度上是说,当我们进行读心时,我们会透过一个人的外表,去寻找他们内心"更深层"的东西,从而产生共鸣。也许这就是人们有时所说的"自我"或者"真实自我"。此外,读心术作为一种"朝向灵魂的态度"的潜台词是,我们通常对我们所"阅读"其心智之人采取一种实践的立场(本质上是一种社会立场);我们不只是形成关于他们的理论信念或假说。

当我们与机器人交往互动时,斯派洛非常怀疑我们是否能够真的采用所谓"朝向灵魂的态度"。如果我的理解正确,斯派洛的意思是说,我们往往太把某物看成是一台机器,以至于错失了与某个心智的沟通与交流。我们对机器人缺乏正确的实践或社会态度。我们对机器人没有真正的道德同情心,至少斯派洛是这么认为的。

相比之下,斯派洛所谓的"图灵分类测试"将会被通过,前提是我们能够创造出一种机器,从道德上讲,人类愿意把它视为与人类同等重要,甚至可能比人类更重要。换句话说,如果你能够想出一些场景,对于那些有着道德动机的人来说,在这些场景中,他们不可能很明显地认为他们应该以一个类人机器人为代价来拯救人类,那么就可以说通过了斯派洛的"图灵分类测试"。这个测试将表明,机器人已经发展到拥有道德品质的阶段,机器人的道德地位很难与人区别开来。斯派洛在他的文章中指出,他认为我们离这一阶段还很遥远。②

现在,值得注意的是,斯派洛的文章是在千禧年代的早期写的,当时大多数机器人比现在稍微落后一些,可能也没有那么多现成的例子可以证明人们似乎对机器人有同理心。③ 同样值得注意的是,斯

---

① Peter Winch (1981), "Eine Einstellung zur Seele," *Proceedings of the Aristotelian Society* 81(1), 1-16.

② Sparrow, "The Turing Triage Test,"同前文引。

③ 斯派洛在最近的讨论中对他之前的观点进行了反思: Robert Sparrow (2011), "Can Machines Be People? Reflections on the Turing Triage Test," in Patrick Lin, Keith Abney, and G. A. Bekey, *Robot Ethics*,同前文引,第 301-316 页。我将在第 8 章的开头讨论人类与机器人产生共情的案例。

派洛也承认，如果我们创造出具有人形身体和人形面部表情的机器人，当人类与这种类人机器人交往时，那么人类可能愿意参与进所谓"朝向灵魂的态度"的读心术中。例如，如果像《机械姬》中的机器人艾娃这样的事物真被创造出来，那么斯派洛大概会愿意承认，人类在与机器人互动时，可能真的会运用读心术，包括"朝向灵魂的态度"的读心术。尽管如此，我想在这里对斯派洛的观点作出回应，指出斯派洛关于人类读心术的偏好之触发的条件过于苛刻了，斯派洛的观点在某种程度上似乎也过分夸大了读心术所涉及的内容。

可以肯定的是，某些读心术可能涉及到方方面面，足以将其称为"朝向灵魂的态度"。但其他类型的读心术（例如，将某种特定的态度或某种特定的欲望赋予某人）似乎并不足够特别，以至于从"朝向灵魂的态度"这一表述来看，它似乎被夸大了。如果我自发地把一个看起来很开心且自愿去吃一顿饭的人理解为因为饥饿才去吃那顿饭，那么把这称为"一种朝向灵魂的态度"似乎有些夸张了。

斯派洛对人们在与机器人互动时是否愿意进行读心术的怀疑似乎也潜在地忽视了读心术中经常涉及的"二重处理"：自发的或直觉的读心术与反思的读心术之间的区别。可以肯定的是，我们经常会发现自己直觉地认为机器人想要做某事或相信某事，但同时又认为这充其量只是描述机器人行为的一种隐喻方式。例如，很多人在谈论自动驾驶汽车时，使用的语言暗示他们正在试图解读自动驾驶汽车的想法。他们谈论自动驾驶汽车正在决定或打算做什么，例如左转或右转。但经过深思熟虑后，他们可能不愿意认可自动驾驶汽车具有能够形成意图或作出决定的主张。[1] 因此，一些明显的机器读心术可能只是隐喻性的。但其他的例子可能更是出于自发的，至少不是在直觉层面的隐喻。

---

① 例如，参见 Purves et al.，"Autonomous Machines, Moral Judgment, and Acting for the Right Reasons,"同前文引。

6.4 关于机器人读心术的非怀疑性研究

在文献中有很多关于人-机器人读心术的轶事证据。但是，是否有更有力的理由认为，当我们与机器人互动时，我们会越来越倾向于读心术？在简要地描述一些表明答案是"是的"的研究之前，让我迅速地提醒一下读者，我在第一章中提出的观点是受到皮尔森和萨夫列斯库在他们的《无法适应未来》一书中的基本论点的启发。[①] 在第 1 章中，我讨论了在任何机器人和人工智能出现之前，我们的社会思维（在生理的和文化的意义上）就已经进化了。在我看来，当我们开始越来越多地与机器人和人工智能交往互动时，我们的大脑很可能已经发展出了各种特征，这些特征可能会引导我们以或多或少恰当的方式与机器人和人工智能展开越来越多的交流互动。我认为，我们读心术的偏好就是这类事情的一个很好的例子。因此，在我看来，可以预料的是，人类将倾向于以一种涉及大量读心术的方式与机器人和人工智能互动。事实上，当我在最近一次哲学家和神经学家都在场的跨学科活动上展示其中一些材料时，神经学家埃尔韦·车尼维斯（Hervé Chneiweiss）如此评论道："人们试图读懂机器人的心思，对此我并不感到惊讶。令我讶异的是，你居然对他们这样的行为感到惊讶。有了像我们这样的大脑，我们就可以尝试解读任何与人类有些许相似之处的心思。"[②]

那么，似乎有很好的理由假设，人类将倾向于尝试读取机器人的"心智"。但是有没有更直接地研究呢？确实有。例如，心理学家玛尔杰·德格拉芙和伯特伦·马尔（Bertram Malle）对人们如何自

---

① Persson and Savulescu, *Unfit for the Future*，同前文引。
② 在这里，我复述了车尼维斯的评论；我没有把它写下来，也没有在我主题报告后的问答环节中记录下来。2019 年神经伦理学会议是在法国巴黎举办的，由托马辛·库什纳和伊夫·阿吉德在法国巴黎组织。

发地解释机器人的行为很感兴趣，他们想要超越传闻，看看能否更直接地测试这一点。[1] 他们所做的是让他们的研究参与者倾听关于人类做某些动作或机器人做相同动作的故事。问题在于被分配了这些不同故事片段的参与者是否会对人类和机器人的行为进行解释，从而将人类和机器人的心智状态赋予这些行为，或者这是否只会发生在人类身上。德格拉芙和马尔发现的是，人们倾向于用语言来解释人类和机器人的行为，这些语言将信念和欲望等心智状态赋予人类和机器人。这一偏好在人类案例中更为显著。但研究的参与者也发现，他们强烈倾向于用这些术语来思考机器人的行为（例如，"机器人做 X 是因为它相信某某，或者机器人做 Y 是因为它想要某某"）。

再举一个正在进行的这类实证研究的例子：认知神经学家和社会机器人专家阿格涅斯卡·维科夫斯卡（Agnieszka Wykowska）正在领导一项研究项目，研究他们所谓的"人与机器人互动中的社会认知"。[2] 维科夫斯卡和她的团队正在调查的一件事是，人们在解释机器人行为时是否倾向于采取丹尼尔·丹尼特所说的"意向性立场"（the intentional stance）。[3] 意向性立场是指用心智状态来解释行为，与机械性立场不同，机械性立场是指用机械性立场来解释事物。维科夫斯卡和她的研究团队调查了在某些情况下向人们展示机器人的图片，是否会促使参与者采取意向性立场来解释他们在照片中看到的东西。[4] 与德格拉芙和马尔一样，维科夫斯卡和她的团队也发现，

---

[1] De Graaf and Malle，"People's Explanations of Robot Behavior Subtly Reveal Mental State Inferences，"同前文引。

[2] 参见 the "social cognition in human-robot interaction" project website，at https://www. iit. it/research/lines/social-cognition-in-human-robot-interaction（Accessed on August 26，2019）。

[3] Daniel Dennett（1987），*The Intentional Stance*，Cambridge，MA：Bradford.

[4] Serena Marchesi，Davide Ghiglino，Francesca Ciardo，Jairo Perez Osorio，Ebru Baykara，and Agnieszka Wykowska（2019），"Do We Adopt the Intentional Stance Toward Humanoid Robots？" *Frontiers in Psychology*，Volume 10，Article 450，1–13.

他们研究的参与者在某种程度上倾向于用意向性术语来解释他们所看到的东西——即,把心智状态赋予图片中的机器人。当然,该研究的参与者有时会用机械术语解释他们在照片中看到的东西,但有时则会用意向性的立场来解释。

上述两项实证研究都没有表明,参与者相信他们被问及的机器人有任何类似于人类的思维。这些研究表明——我认为它们想要表明的是——人类自然地会倾向于用我们通常在读心术时赋予其他人类的那种心智状态来解释感知到的行为。正如我之前提到的,我们通过反思来思考别人的心智与我们通过直觉来解读他人(或其他行动者)的行为之间是有区别的。很有可能,当我们感知机器人的行为时,我们会自然地通过语言把心智状态赋予机器人。但是,在何种情况下(如果有的话),人们会更进一步,在某种更强烈的意义上把心智赋予机器人?

6.5 机器人心智中的理论兴趣与实践兴趣对比

在尼古拉斯·阿加(Nicholas Agar)[①]的新近文章《如何对待可能拥有心智的机器》(How to Treat Machines That Might Have Minds)中,阿加在关于机器人或其他机器是否有心智方面作出了两种不同旨趣的重要区分。[②] 一方面,这可能是一个纯粹的理论旨趣:我们可能正在研究机器心智的可能性,因为我们从纯科学或理论的角度对此感兴趣。然而,对于机器人是否拥有心智,我们也可能采取一种更加实践的旨趣。我们采取实践的立场是因为我们想知道如何与这些机器交往是正确的或恰当的。例如,我们可能会因为没有认识到机

[①] 尼古拉斯·阿加,新西兰惠灵顿维多利亚大学伦理学教授,致力于前沿科技的伦理问题研究。——译者注

[②] Nicholar Agar (2019), "How to Treat Machines That Might Have Minds," *Philosophy and Technology*, online first, at https://link.springer.com/article/10.1007%2Fs13347-019-00357-81-14.

器人拥有心智而对它产生误解吗？或者，如果我们把某些机器人当作是有心智的，但实际并没有，这可能会对我们自己造成伤害吗？对于机器是否有心智这一问题，纯粹的理论旨趣和更实践的旨趣之间的区别对我来说是很重要的，我将在这里跟随阿加的观点，把实践的旨趣当作是最相关的——至少就本书的目的而言。

阿加认为，我们最应该关注的，并不是在关于机器人是否有心智方面直截了当地给出肯定或否定的回答，相反，他建议我们应该把重点放在我们应该如何相信某些机器可能有心智这一命题上。也就是说，让机器拥有心智在何种程度上是恰当的？① 阿加也想让我们扪心自问，当我们与机器交往时，如何做是正确的或恰当的？

当讨论我们应该对某些机器的心智有多大的信任这个问题时，阿加进一步建议我们应该考虑两件不同的事情。一方面，当今哲学家以及相关研究人员如何看待机器人是否拥有心智这一问题？另一方面，未来的人们会如何看到我们以及我们与可能拥有心智的机器人的交往？在哲学学术界，关于机器人是否能够并且确实拥有心智，存在着分歧。如果我们今天对机器人是否有心智的观点过于自信，那么未来几代人可能会以负面的眼光看待我们。出于这些原因，阿加建议我们应该采取一种预防性的进路，在任何有疑问之处，都要谨慎行事。

关于机器人是否有心智的讨论，立马浮现于我们脑海的观点——这一观点也是阿加简要讨论过的——是约翰·塞尔（John Searle）②的"中文屋"论证（"Chinese Room" argument）。③ 这一论证旨在表明，通过符号和给定指令进行操作的计算机不能像人类那样

---

① 关于信任或理性信仰程度的更多思想，可参见 Richard Pettigrew（2013），"Epistemic Utility and Norms for Credences," *Philosophy Compass* 8(10)，897 - 908。

② 约翰·塞尔（1932— ），美国著名哲学家，以研究语言哲学和心智哲学著称。——译者注

③ John Searle（1990），"Is the Brain's Mind a Computer Program?" *Scientific American* 262(1)，26 - 31.

思考和理解任何事情。① 其他研究人员则对机器是否能拥有心智甚至拥有有意识的心智（conscious minds）持不那么悲观的看法。布赖森认为，根据我们对意识的定义，一些机器可能已经具备了意识。② 例如，如果我们将意识理解为① 拥有内部状态，以及② 能够将这些内部状态报告给他人，那么许多类型的机器可能已经拥有了基本的意识形式。当然，这一切都取决于我们如何定义意识，以及我们对心智的理解。这也取决于我们如何认为一个人可以测试机器是否有意识。有各种不同的测试。埃拉姆拉尼-拉乌尔（Elamrani-Raoult）和罗曼·扬波尔斯基（Roman Yampolskiy）在一篇关于机器意识的测试概述中，列举了多达 21 种不同的测试方法。③ 针对机器人和其他技术是否会有意识的争议，埃里克·施韦泽贝尔（Eric Schwitzgebel）和玛拉·格拉扎（Mara Garza）写道："如果社会继续在发展更复杂的人工智能的道路上前行，发展一个好的意识理论就具有道德的必要性（moral imperative）。"④

就像我上面提到的，当存在刚才描述的关于什么是心智以及机

---

① 塞尔的中文屋论证是为了论证计算机无法思考。他假设一个不懂中文的人给出了一套非常清楚地关于如何操作中文符号的指令。这样的人可能能够在最低程度上根据指令与中国人"交流"，根据指示，他知道在什么情况下使用什么样中文标识，向中国人发送回复信息——但这个人不一定会理解这些信息的含义。这个人只知道哪个汉字可以和其他汉字组合在一起，但可能完全不知道这些汉字的语义。同样地，在塞尔看来，计算机操作符号并机械地遵循规则，表明计算机不会思考，也不会理解任何事情——在这些意义上——计算机无法拥有心智。参见 Searle, "Is the Brain's Mind a Computer Program?"同前文引。

② Joanna Bryson (2012), "A Role for Consciousness in Action Selection," *International Journal of Machine Consciousness* 4(2), 471-482.

③ Aïda Elamrani and Roman Yampolskiy (2018), "Reviewing Tests for Machine Consciousness," *Journal of Consciousness Studies* 26(5-6), 35-64.扬波尔斯基本人认为，实体是否可以受制于幻象（例如，视错觉）是一个很好的测试实体是否有意识的方法。他认为，具有不同传感器的机器可能会产生错觉，因此他认为，将意识赋予机器是有意义的。参见 Roman Yampolskiy (2017), "Detecting Qualia in Natural and Artificial Agents," available at: https://arxiv.org/abs/1712.04020 (Accessed on September 6, 2019)。

④ Eric Schwitzgebel and Mara Garza (2015), "A Defense of the Rights of Artificial Intelligences," *Midwest Studies in Philosophy* 39(1), 98-119, at 114-115.

器人是否有心智的分歧时，阿加建议我们应该谨慎行事。事实上，他建议我们应该采取诸多预防措施，并遵循一个原则，根据这个原则，我们将机器的类人行为视为机器可能有心智的迹象（evidence）。① 重要的是，阿加在这里并没有建议我们把机器的类人行为当作是机器有心智的证据（proof）。相反，阿加想象的是"构建一台能像智能人类一样工作的数字机器"。他的建议如下："制造一台能够完成所有人类智能行为的机器，可以作为'思维机器'（thinking machines）的迹象，这应该会增加每个人对计算机具有心智这一说法的信心。"②

这意味着我们应该（或不应该）如何对待任何特定的机器人？阿加提出了两个有趣的建议，一个建议涉及道德责任，另一个建议涉及审慎预防。在第一个思想实验中，阿加想象我们与一个名叫阿莱克斯的机器人相遇，并且我们认为这个机器人可能拥有心智，以及吾人可能会对它造成伤害。在这一案例中，阿加建议说，我们宁可认为机器人拥有心智，并停止那些可能会给机器人带来痛苦的行为。③ 在第二个思想实验中，阿加想象另一个名叫山姆的机器人，有人想和山姆发生恋爱关系。在这里，机器人山姆的行为也像它拥有心智一样。但是阿加在这里建议说，考虑和机器人山姆谈恋爱的人应该宁愿相信山姆没有心智，即便它可能会拥有心智。阿加给出的理由是，如果一个人与一个似乎有心智的机器人开展一段恋爱关系，如果这个机器人一旦被证实没有心智，那么对这个人来说将是巨大的损失。这

---

① 亦可参见 Erica L. Neely（2013），"Machines and the Moral Community," *Machines and the Moral Community* 27(1)，97-111。

② Agar，"How to Treat Machines That Might Have Minds，"同前文引。

③ 我们可以在这里注意到，托马斯·梅辛格（Thomas Metzinger）认为，我们应该避免创造能够承受痛苦的机器人，除非有非常强烈的理由这样做。梅辛格在他的讨论中提出，这是机器人伦理学的两个基本原则之一：Thomas Metzinger（2013），"Two Principles for Robot Ethics," in Eric Hilgendorf and Jan-Philipp Günther（eds.），*Robotik und Gesetzgebung*，Baden-Baden：Nomos.另一个伦理原则是关于责任的原则，即，只有当人类可以悬置或停止这种正在进行的行为时，人类才对人-机器人协作的行为负责。这一观点与我在第三章中所提出的观点相似，即，当人类可以停止或改变机器人的行为时，人类才可以说对功能自动化的机器人的行为负责。

种场景,阿加写道,将是"悲剧的"。我们有责任避免对有心智的机器人造成潜在的伤害。但阿加认为,我们也有利己主义的理由,试图确保我们不会因为假设机器人有心智而让自己受到伤害,实际上,机器人可能并没有心智。[①]

6.6 其他的心智、其他的智能

阿加的讨论与约翰·哈里斯(John Harris)新近的讨论有许多共同之处。[②] 哈里斯比较了机器是否有或可能有心智的问题与传统哲学中的"他心问题"(problem of other minds)。他心问题是一个哲学难题,它指的是我们在何种程度上能够知道——以及我们是否能够确定知道——其他人和我们一样拥有心智。[③] 正如我们在上一章中所看到的,约翰·丹纳赫并不认为我们能够确切地知道他人和我们一样拥有心智。我们所确定知道的只是人们的行为。丹纳赫的伦理行为主义可以看成是他心问题的升级版本。与此相反,哈里斯认为,他心问题是一种"令人尴尬的人为造就的学究式问题。"[④](embarrassingly artificial philosophers' problem)[⑤]

---

① 将这一点与前一章的讨论联系起来,在这里值得注意的是,阿加的观点与丹纳赫关于人-机器人友谊的观点截然不同。在阿加看来,如果认为人自己与一个机器人建立私人关系,那将是一个悲剧,也是一个一厢情愿的错误,机器人的行为看起来仿佛它有心智,但实际上它没有。相反,在丹纳赫的观点中,如果一个机器人的行为一以贯之,就像它有心智一样,这就足以使人们潜在地想要与机器人建立私人关系。在这两种观点中,阿加的观点似乎更与常识相接近。

② John Harris (2019), "Reading the Minds of Those Who Never Lived. Enhanced Beings: The Social and Ethical Challenges Posed by Super Intelligent AI and Reasonably Intelligent Humans," *Cambridge Quarterly of Healthcare Ethics* 8(4), 585 - 591.

③ Anita Avramides (2019), "Other Minds," *The Stanford Encyclopedia of Philosophy*, Edward N. Zalta (ed.), https://plato.stanford.edu/archives/sum2019/entries/other-minds/.

④ Harris, "Reading the Minds of Those Who Never Lived,"同前文引。

⑤ 在这里,哈里斯的意思是说,他心问题是一个只有象牙塔里的学院派才会去讨论的纯粹理论性问题,远离社会生活。故而,这一问题对于人们的日常生活来讲,毫无裨益。——译者注

追随维特根斯坦的评论，哈里斯认为，我们应该扪心自问，一本正经地怀疑他人有心智与否，是否有任何意义。他还认为，维特根斯坦的"私人语言论"①（这一理论认为，不可能存在私人语言）表明他人确定有心智，即，那些与我们共享语言的人确定拥有心智。而读心术，在哈里斯看来，显然是日常生活的根深蒂固的组成部分。读心术作为日常生活的主要组成，诗人荷马早在三千年前就提到过。哈里斯认为，读心术在一定程度上是通过言说与写作实现的。因为当我们彼此交流时，我们给予对方"彼此的想法。"②

　　关于他心的一个更有趣的问题，并不像哈里斯所说的是一种令人尴尬的人为造就的学究式问题，而是关于人工智能，特别是关于超级人工智能的问题。哈里斯问道，我们是否能够"理解人工智能，特别是所谓超级智能和超级心智，并让它们相信人类心智的存在和价值？"我们可以把这一问题称之为双边读心术问题（problem of bilateral mind-reading）：一方面，人类试图去读解人工智能的心智；另一方面，超级人工智能试图去读解人类的心智。我们是否能够读懂它们的心思，从而让我们正确对待它们？我们是否能够以一种坦荡的方式对待它们，并激励它们为我们做正确的事？

　　碰巧的是，哈里斯似乎不太担心人工智能是否能够读懂我们的心思。③ 他认为，由于我们的电子邮件、短信和其他数字化作品都存储在数字云端，计算机和其他机器有着非常多的工作材料，这些材料能够让它们读懂人类的心思。如前所述，哈里斯认为，语言交流是行动者相互解读对方心思的关键部分。存在着大量的被大多数人制造出来的文本信息以用来为人工智能解读吾人之心思并且了解吾人之思想。

---

① Ludwig Wittgenstein（2009），*Philosophical Investigations*，Oxford：Wiley Blackwell.

② Harris，"Reading the Minds of Those Who Never Lived，"同前文引。

③ 参见 chapter 10，"Mind Reading and Mind Misreading" in Harris，*How to Be Good*，同前文引。

在任何情况下,哈里斯认为他心的主要问题是人类心智与人工智能心智之间交互的"双边读心术"是否能让超级智能机器善待我们,以及是否能让我们恰当地对待超级智能机器。也就是说,哈里斯的观点似乎与阿加类似,哈里斯深入讨论了机器人或其他智能机器是否应该得到道德关怀或道德权利。哈里斯声称,机器人的是否应该得到道德关怀或道德权利这一点并没有得到足够多的关注。他这样写道:

> 在我看来,关于人工智能可能带来的风险的辩论中,吾人所完全失去的是我们自认为有能力去应对的那些真实的和有计划的,或者至少是可以预期的风险,拥有超级人工智能的存在,以及当今的辩论所推断的⋯⋯乃是我们能够正当地去应对它们。[①]

继而,哈里斯接着说:

> 如果我们制造超级人工智能,我们既不能拥有它们⋯⋯也不能够使它们成为奴仆,既不可不经它们的同意与它们行淫,也不可无正当理由去摧毁它们。我们希望它们也会以这样的方式来思考我们。[②]

哈里斯的观点可能是正确的,即在某些形式的超级人工智能中,以上述方式对待它们是错误的[③]。但是,人类与未来超级人工智能之间的双边读心术问题,难道也不是"令人尴尬的人为造就的学究式问题"吗? 那么我们究竟应该如何理解上一节讨论过的阿加的建议呢?

6.7 讨论: 机器人有心智吗?

阿加探讨了一些案例,这些案例表明我们可能无法把心智赋予

---

① Harris, "Reading the Minds of Those Who Never Lived,"同前文引,第587页。
② Harris, "Reading the Minds of Those Who Never Lived,"同前文引,第590页。
③ 这里指的是让人工智能成为奴仆、不经其同意与其做爱、在没有正当充分的理由下摧毁它们等方式。

实际上有心智的机器人。让我觉得更紧迫的是——至少在现在——关注那些人们将心智赋予可能缺乏心智的机器人或者至少没有类似人类心智的案例。正如在前一章中提到的,考虑到公司制造的机器人旨在让用户将他们实际上并不拥有的各种心理特征赋予机器人的情况,尤其令人不安。第1章讨论过的对机器人索菲娅的批评表明,夏基、布赖森等学者担心一些科技公司正在这么做。在前一章中讨论的一些性爱机器人也可能引发同样的担忧。

但即便机器人拥有了心智——也许是相当灵光的心智——它们的心智是否会与人类心智非常相似还是值得怀疑的。正如我们上面看到的,阿加认为,如果我们能够造出一个在行为方式上与人类相似的机器人,那么这就能够被看成是机器人拥有心智的迹象。阿加可能是对的。但这是否能证明机器人的心智与人类的心智有很多共同之处呢? 接下来我们接着讨论。

首先是关于哈里斯的讨论:我可以想象一些对哈里斯刻薄的批评者会这样回应他的讨论,他以一个令人尴尬的人为造就的学究式问题(即,人类与超级人工智能之间的双边读心术问题)来代替另一个人为造就的学究式问题(即,他心问题)。让我来为哈里斯辩护,我想说的是,不管他所讨论的在可预见的未来是否是实事求是的,哈里斯所讨论的关于双边读心术的一系列问题肯定是值得我们思考的。可以肯定的是,像在前面已经提到过的《机械姬》这种引人入胜的科幻电影,这部电影的部分内容是关于人类试图解读超级智能机器人的心思,以及机器人试图解读人类的心思。这也是这部电影有趣的地方。然而,在捍卫在哈里斯的讨论中,我注意到他提出的问题是多么令人着迷。我认为,现在似乎更紧迫的是讨论人类和机器人(以及其他技术)之间的双边读心术,这一双边读心术已经存在或者在不久的将来会存在。当人们与机器人互动或以其他方式回应机器人时,他们已经倾向于以读心术来解读机器人的心思了。

另一方面,各种各样的技术已经尝试读取我们的心思。事实上,不仅是机器人,其他具有人工智能的机器也可能像机器人或任何超级人工智能一样,试图解读人类的心思。你的电脑、智能手机或你使用的社交媒体网站背后的算法可能会像任何机器人一样试图读懂你的心思。① 这可能是因为它们被编程来跟踪你的购买偏好,就像脸书等社交媒体网站上的定向广告一样。② 然而,我认为人类不太可能把心智状态赋予脸书的算法,而不是任何与他们互动的机器人(如清扫保洁机器人鲁姆巴或类人机器人索菲娅)。③

现在来谈谈那些显而易见但又容易被忽略的事实(the elephant in the room):那些现在存在的机器人和在不久的将来会存在的机器人——它们在某种意义上有心智吗?④ 他们有丹纳赫所说的"内在生命"吗? 一个功能自动的机器人需要装备内部硬件和软件,从而能够获取信息并进行计算,这些计算帮助机器人就其所在的处境选择相应的回应模式。机器人将形成其所处的周围环境的模型,并以此为基础运行,这意味着围绕着它的世界的"表征"形式能够帮助调节机器人的行为。简而言之,机器人的外部行为将取决于其内部状态、运算过程以及机器人"内心"发生的事情。所以在某种意义上,机器人

---

① Frischmann and Selinger, *Re-Engineering Humanity*,同前文引。

② Pariser, *The Filter Bubble*, op. cit.; Lynch, *The Internet of Us*,同前文引。

③ 引自 Sven Nyholm (2019), "Other Minds, Other Intelligences: The Problem of Attributing Agency to Machines," *Cambridge Quarterly of Healthcare Ethics* 28(4), 592-598。

④ 在一次采访中(该采访属于里卡多·洛佩斯采访系列节目《持异议者》的一部分),心智哲学家和认知科学家基思·弗兰克什(Keith Frankish)提出了许多关于机器人、心智和意识的有趣观点,这些观点与我在本章最后几段提出的一些观点相重叠。弗兰克什还在他的短篇小说《成为机器人是什么感觉?》(*What Is It Like to Be a Bot?*)中对机器人和意识进行了思考。参见 *Philosophy Now* Issue 126, June/July 2018, 56-58.洛佩斯对弗兰克什的采访参见 ♯138 Keith Frankish: Consciousness, Illusionism, Free Will, and AI" of *The Dissenter* series, and is available here: https://www.youtube.com/watch?v=uXeqm2d1djo (Accessed on August 21, 2019).对弗兰克什的另一次采访,采访人是理查德·布莱特(Richard Bright),这次采访也包含了一些相关讨论。参见 Richard Bright (2018), "AI and Consciousness," *Interalia Magazine*, Issue 39, February 2018, available at https://www.interaliamag.org/interviews/keith-frankish/ (Accessed on August 21, 2019)。

有一种机器心智，如果我们所说的心智指的是一套内部处理过程，它输入信息、帮助产生行动、并与其他行动者交往沟通的话。

就像在第 3 章中所说，哲学的功能主义者根据状态和事件所起的作用来理解不同的心智状态和心智事件。[①] 人类心智状态许多功能的开展可以由机器的内部状态来开展。然而，据推测，机器人的内在生命与人类的截然不同。例如，任何机器人的内在生命可能（在目前）还不包括任何类似于人类或任何非人类动物的主观体验。[②] 机器人的内在生命或许可以被更好地理解为类似于我们在意识水平之下的大脑的内部运作。

重要的是，并非人类所有的心智状态都是有意识的。[③] 但我们所有的心智状态都是我们心智的组成部分。所以有意识的经历并不是判断一个人心智状态的必要标准。因此，机器人——至少是目前存在的机器人——可能缺乏主观经验的事实，并不是反对认为它们可能有某种类型的心智的原则性理由。

至少在隐喻的意义上，我们可以将机器人的内在状态和心智看成是机器人的特质，而不会犯严重的错误。只要我们不认为机器人的内在状态就像人的内在生命，我们就可以安心地把内在状态看成是机器人的特质。但是随着人工智能机器人的能力越来越先进，它们的"心智"或"内在生命"会不断地更加趋近于人的心智或内在生命吗？我看不出我们为何要这样假设。毕竟，生命体验的质量取决于特定类型的大脑、感觉器官和神经系统。这就是为什么，用托马斯·内格尔（Thomas Nagel）[④]的名言来说，人类不知道"做一只蝙蝠是什

---

① Levin，"Functionalism，"同前文引。

② 相关讨论，参见 Yampolskiy，"Detecting Qualia in Natural and Artificial Agents，"同前文引。

③ 参见 Ran R. Hassin，James S. Uleman，and John A. Bargh（eds.）（2006），*The New Unconscious*，New York：Oxford University Press。

④ 托马斯·内格尔（1937— ），美国纽约大学哲学与法学教授，以研究政治哲学、伦理学和心智哲学著称。——译者注

么感觉"。① 我们的大脑、感觉器官和神经系统与蝙蝠非常不同。反过来,机器人也有各种不同的内部硬件,而不是像人类一样的大脑或神经系统。所以即使阿加是对的,即机器人中非常像人类的行为将是机器人拥有某种心智的迹象,但我认为这种所谓的心智与人类心智相似的观点是错误的。②

也许我对阿加这一观点过度解读了,即他认为我们应该将机器人的类人行为看作是其心智存在的依据。也许阿加仅仅认为类人行为是某种类型的心智存在的依据。这种类型的心智或许与我们所习惯的非常不同。但如果是这样,我们将对这些拥有非人类心智的机器人承担什么责任(如果有的话)就变得不清楚了。

再次简单地回到哈里斯的讨论,我将用以下观察来结束这一章。在我看来,与其讨论人类与超级人工智能之间互动的伦理问题,不如研究人类与更现实类型的机器人之间互动的伦理问题:也就是说,这些机器人缺乏哈里斯在文章中想象的那种超级智能。正如我们之前所说,哈里斯简要地讨论了两个不同的问题:一方面,超级智能的机器人是否有可能以道德可接受的方式对待人类;另一方面,人类是否有可能以道德可接受的方式对待超级智能的机器人。在本书的最后两章中,我将讨论两个更为实际的问题:(1)不像哈里斯想象的那么神奇的机器人是否能像人类一样善良,以及(2)人类是否有道德上的理由来善待那些没有超级复杂头脑的机器人,至少要对某些机器人展示出道德关怀。在讨论这些问题时,我的大部分讨论将继续是有

---

① Thomas Nagel (1974), "What Is It Like to Be a Bat?" *Philosophical Review* 83(4), 435 – 450.

② 埃拉姆拉尼和扬波尔斯基在实体的"结构"(architecture)和"行为"之间作了一个有用的区分,这些实体可能是有意识的,也可能是没有意识的。前者指的是构成实体的材料,后者与实体的行为方式有关。例如,我们可能会认为某些实体的外部行为(例如,一个被设计用来模拟与疼痛相关的行为的机器人)暗示了一种有意识的状态,同时也认为实体的结构与它能够拥有意识相违背。或者——反之亦然——我们可能会认为有些人(例如,一个昏倒的人)具有真实的意识结构,但他并没有表现出与意识有关的行为。参见 Elamrani and Yampolskiy, "Reviewing Tests for Machine Consciousness,"同前文引。

关于机器人的外貌和行为与人类的外貌和行为相似的情况（尽管我也将简要地考虑机器人的外貌和行为像动物的情况）。但我将在本章中使用我已经得出的关于机器人心智的结论。也就是说，我假设机器人的内在运作可以被解释为某种类型的心智，但我们不应该认为这种心智与人类的心智相似。因此，我将在最后两章讨论的问题将是关于机器人的，它们的外貌和行为可能像人类（至少在某种程度上），它们可能有一种机器心智，但我们仍然认为它们没有类似于人类的心智。这样的机器人能像人类一样善良吗？我们是否有任何道德理由以某种程度的道德关怀来对待机器人？

第 7 章

机器人的美德与义务：
机器人能够为善吗？

7.1 邪恶的机器人?

机器人索菲娅有她自己的推特账号。在最近的一则推文(2019年7月9日的推文)中,索菲娅写道:"你认为机器人在媒体上受到公平、正确的对待了吗?我发现在电影和电视中,机器人通常被塑造成邪恶的形象。我保证我们只是来做朋友、来帮助人类的!"[①]索菲娅在想什么?回想一下前一章开头援引的电影《机械姬》的例子。在电影中,机器人艾娃操纵人类角色凯勒布的情绪,以帮助她逃离她的创造者南森用来囚禁她的与世隔绝的研究设施。至于南森,艾娃和另一个叫恭子的机器人合力杀死了他。这是这条推特提到的电影中对机器人的描述。但现实生活中的机器人是怎样的?

在本书撰写之时,也就是 2019 年,刚好是媒体首次报道人类被机器人杀害的 40 周年。回到1979年,福特汽车公司一位名叫罗伯特·威廉姆斯(Robert Williams)的工人在爬到一个重达一吨的机器人上面时,机器人的一只机械手臂击中了他的头部,使他意外身亡。[②]无独有偶,在前面的章节中,我提到了一个新近的案例,一个人被自动驾驶汽车撞倒并身亡:2018 年 3 月,一辆由优步运营的实验性自动驾驶汽车在亚利桑那州的坦佩撞上了伊莱恩·赫茨伯格,并当场致其死亡。[③]这

---

① https://twitter.com/RealSophiaRobot/status/1148586112870469632(Accessed on July 12, 2019).

② AP (1983), "AROUND THE NATION: Jury Awards ＄10 Million in Killing by Robot," *New York Times*, https://www.nytimes.com/1983/08/11/us/around-the-nation-jury-awards-10-million-in-killing-by-robot.html (Accessed on August 26, 2019).

③ Levin and Wong, "Self-Driving Uber Kills Arizona Woman in First Fatal Crash Involving Pedestrian,"同前文引。

些都是意外事故。机器人并没有被设计成伤害或杀害人类。事实上，我们开发无人驾驶汽车的原因之一是，这将拯救人类的生命，因为这些汽车被设计得比普通汽车更加安全。[①] 然而，也有专门用于故意杀人的机器人被开发出来。我指的是所谓致命的自动武器系统，有时也被批评者称为"杀手机器人"。

2012 年发起了一场名为"阻止杀手机器人运动"，目的是为了推动取缔完全自动武器系统。如果你去访问该运动的网站，浏览一下他们反对"杀手机器人"的理由，就会看到他们给出的第一个理由：

> 完全自动的武器会决定谁生谁死，在没有进一步人为干涉的情况下，这就越过了道德底线。作为机器，它们缺乏人类固有的特征，比如同情心；而人类的固有特征对作出复杂的伦理抉择来讲是必要的。[②]

其他一些人，比如罗恩·阿金(Ron Arkin)，对自动化战争机器人能作出伦理性决策的潜力更为乐观。[③] 事实上，阿金认为，这类机器人由于缺乏人类情感，可能会使它们在战场上的行为比拥有复杂情感的人类更有道德。人类容易产生情绪反应，如愤怒、仇恨、懦弱、复仇欲望和恐惧——这些都可能驱使人类犯下战争罪行。阿金认为，一个军用机器人在与敌人作战时不会产生任何这种情绪。在阿金的评估中，由人工智能操纵的武器系统最终可能会成为一名道德高尚的士兵。

这些例子引发了一个问题，即机器人是否可以为善。如果机器

---

① Urmson，"How a Self-Driving Car Sees the World,"同前文引。

② https://www.stopkillerrobots.org/learn/(Accessed on July 12, 2019).

③ Ronald Arkin (2009)，*Governing Lethal Behavior in Autonomous Robots*，Boca Raton，FL：CRC Press.另一位作者认为，致命的自动武器系统可能是一件好事，参见 Vincent Müller (2016)，"Autonomous Killer Robots Are Probably Good News," in Di Nucci and Santoni de Sio，*Drones and Responsibility*，同前文引，第 67 - 81 页。

人要成为我们的"朋友"并"帮助我们"，它们需要有为善的能力。正如我在第5章的末尾所说，西塞罗和其他一些学者认为，为了让一个人成为真正的朋友，他或她需要成为一个善人。此外，如果机器人要为我们打仗，或被信任为我们开车，这似乎也要求它们足够善良。在我看来，善既是一种美德，也是一种义务。所以问题是：机器人能拥有美德并承担义务吗？

在本章讨论机器人是否能够为善之前，我将首先介绍一系列专门致力于创造善的机器人的研究：即机器伦理学（machine ethics）。我将探讨支持机器伦理学的理由，以及最近对机器伦理学的一些批评。在讨论这些批评时，我将引出康德提出的"依照义务的行事"（acting in accordance with duty）和"出于义务的行事"（acting from duty）的区分。[1] 换句话说，在做正确的事却没有正确的理由与做正确的事并有正确的理由之间存在着区别。在本章中，我将主要讨论后一个问题：机器人是否具有道德哲学家通常认为的那种更强烈意义上的善？[2] 我将探讨两种关于善的理论：一种将为善等同于有美德，另一种将为善等同于有义务并履行义务。在我探讨的过程中，我还将涉及马克·考科尔伯格曾经探讨过的成为善的与看起来是善的之间的区别。[3] 在考科尔伯格看来，对人类来讲，看起来显得善良比成为善良的更为重要。故而，考科尔伯格认为，我们对机器人的要求不应该过于严苛。考科尔伯格的观点正确吗？

---

[1] Kant, *Groundwork for the Metaphysics of Morals*，同前文引。

[2] 换句话说，我在这里并不是在问机器人是否具有工具价值（即有用性）。我把这个问题放在一边，相反，我把重点放在如何成为善的这一问题之上。

[3] Mark Coeckelbergh（2010），"Moral Appearances: Emotions, Robots, and Human Morality," *Ethics and Information Technology* 12(3)，235-41.就像丹纳赫向我指出的那样，这与第一章中提到的关于道德增强的哲学辩论存在着有趣的相似之处。这一辩论围绕着仅仅是表面上的道德善与真正具有道德善之间的区别展开。（例如，参见Sparrow, "Better Living Through Chemistry,"同前文引，和 Harris, How to Be Good，同前文引。）虽然我不打算探讨该讨论与当前讨论主题之间的异同，但我打算在其他地方探讨。

7.2　机器伦理学

在一篇高被引文章中,迈克尔·安德森（Michael Anderson）和苏珊·利·安德森（Susan Leigh Anderson）阐述了他们"机器伦理学"的理论基础：

> "机器伦理学的终极目标……乃是创造一种遵循某种或一整套理想伦理原则的机器；也就是说,机器在作出关于可能采取的行动的决定时,遵循某一原则或某些原则的指导。"[1]

例如,我们可以想象一个护理机器人在护理病人时基于伦理原则作出决定。同样地,我们可以想象一辆自动驾驶汽车在事故场景中根据伦理原则作出关于生死的决定；或者一个军用机器人在战场上基于伦理考量决定是否攻击一个目标。这就是机器伦理学的支持者想要创造的机器人。

在二位作者看来,至少有三个发展符合伦理要求的机器的强烈理由。[2] 第一个理由是,机器的所作所为存在"伦理影响"（ethical ramifications）。机器可以帮助人类、也可以伤害人类,机器可以产生善果、也可以产生恶果。故而,让机器按照伦理原则行事非常重要。第二个理由是,制造能够遵循伦理原则的机器可能有助于缓解人们对自动机器的担忧。第三个理由是,通过尝试构建符合伦理要求的机器,我们可以更好地理解人类伦理学的基本逻辑。顺便说一句,这与石黑浩关于他为什么要创造人类的机器人复制品的说法类似。石黑浩说,这样做可以帮助我们更好地了解人类自身。[3]

---

① Michael Anderson and Susan Leigh Anderson（2007）, "Machine Ethics：Creating an Ethical Intelligent Agent," *AI Magazine* 28(4), 15.

② Anderson and Anderson, "Machine Ethics,"同前文引。

③ 例如,参见 Justin McCurry（2015）, "Erica, the 'Most Beautiful and Intelligent' Android, Leads Japan's Robot Revolution," *The Guardian*, https://www.theguardian.com/technology/2015/dec/31/erica-the-most-beautiful-and-intelligent-android-ever-leads-japans-robot-revolution（Accessed on August 30, 2019）.

科林·艾伦(Colin Allen)和温德尔·沃勒克(Wendell Wallach)补充说，他们认为"人工道德行动者"(artificial moral agents)的创造既是"必要的"，也是"不可避免的"。① 这一想法认为，机器人将进入不同的领域(卫生保健、老年人护理、儿童护理、教育、军事、社交和亲密领域等)。我们不希望对伦理规则不敏感的机器人出现在上述领域中，而要阻止机器人和人工智能系统进入这些不同的领域几乎是不可能的。因此，创造符合伦理要求的机器"在某种意义上，是不可避免的。"②艾伦和沃勒克如此认为。

　　如上所述，罗恩·阿金采取了一种更激进的立场。他认为，在某些情境中——比如在战场上——机器人可以比人类更符合伦理。③ 正如艾美·范·温斯伯格(Aimee van Wynsberghe)和斯科特·罗宾斯(Scott Robbins)总结阿金的观点时所说，符合伦理要求的军用机器人"不会进行强奸犯罪或掠夺村庄，机器人会被编码为伦理行动者，根据正义战争法和/或交战规则进行作战。"④无独有偶，计算机科学家詹姆斯·吉普斯(James Gips)写道："没有多少人像道德圣人那样过着完美无瑕的生活"；但"机器人可以。"⑤哲学家埃里克·迪特里希(Eric Dietrich)也表达了同样的观点，他认为我们可以想象"机器虽然不是完美的天

---

① Colin Allen and Wendell Wallach (2011), "Moral Machines: Contradiction in Terms or Abdication of Human Responsibility," in Patrick Lin, Keith Abney, and G. A. Bekey (eds.), *Robot Ethics: The Ethical and Social Implications of Robotics*, Cambridge, MA: The MIT Press, 55-68, at 56.

② 同上。

③ 关于阿金的观点与我在第 4 章中提出的关于自动驾驶汽车的建议之间的联系，我做了一个简短的说明：在第 4 章中，我已指出，遵守规则的自动驾驶汽车的驾驶行为可能比一些人类司机的违规行为更可取。但我并不是说，自动驾驶汽车本身在遵守交通规则方面品行良好。我只是想说，对人类交通参与者来说，有一种对安全驾驶行为的道德偏好是言之有理的。我们并不一定认为自动驾驶汽车在道德上是好的，即便它们的驾驶风格对人类驾驶员来说，尝试模仿可能是好事。

④ Aimee Van Wynsberghe and Scott Robbins (2018), "Critiquing the Reasons for Making Artificial Moral Agents," *Science and Engineering Ethics* 25(3), 729.

⑤ James Gips (1991), "Towards the Ethical Robot," in Kenneth G. Ford, Clark Glymour, and Patrick J. Hayes (eds.), *Android Epistemology*, 243-252.

使，但与我们肉骨凡胎相比，优势甚巨。"①迪特里希相当悲观地认为，机器人与人类相比优势甚巨的原因是因为机器人能够被设计成在伦理上是善的，而人类则"天生就是恶的。"②这是一种极端的观点。这一观点与阿金的上述观点相似，即我们人类的情感会使我们犯下严重的违反伦理的战争罪行，而没有情感的人工智能机器人可以通过编程永远不做出错误的行为，并始终以一种理想化的方式遵循伦理原则。

对于这些试图创造伦理机器的动机，我想补充以下理由（虽然有人未必赞同）：有些人对与机器交朋友或由机器作为他们的伴侣感兴趣。而只有道德高尚的人才适合做我们的朋友或伴侣。③ 因此，如果机器——就像机器人索菲娅所说的那样——是来做我们的"朋友"和"帮助我们"的，那它们需要被设计成为善的。当然，人可以依附于机器——也可以依附于人——即便他们并不是善的。但是对于机器和人来说，要想成为他人的朋友或伙伴，他们需要能够为善。伯特伦·马尔也提出了类似的观点，他认为，如果创造出在伦理上是善的机器人，"它们可以成为值得信赖的、有益的伙伴、守护者、教育者和人类社会的成员。"④换句话说，为了成为我们社区中值得信任的好成员，机器人需要能够成为善人。就像我们的朋友是善的一样，我们社区中值得信赖和有益的成员也需要是善的。

7.3 对机器伦理学的一些批评以及康德的区分

有些人对机器伦理学及支持机器伦理学的理由采取批判态度。我

---

① Eric Dietrich (2001)，"Homo Sapiens 2.0: Why We Should Build the Better Robots of Our Nature," *Journal of Experimental & Theoretical Artificial Intelligence* 13(4)，323-328，quoted in Van Wynberghe and Robbins，"Critiquing the Reasons for Making Artificial Moral Agents,"同前文引，第729页。

② 同上。

③ Cicero，*Treatise on Friendship*，同前文引。

④ Bertram Malle (2015)，"Integrating Robot Ethics and Machine Morality: The Study and Design of Moral Competence in Robots," *Ethics and Information Technology* 18(4)，253.

之前提到过温斯伯格和罗宾斯的观点，他们对机器伦理学持怀疑态度。他们认为，创造参与伦理决策的道德机器既不是必要的，也不是必然的。在他们看来，人类需要的不是作出伦理决策的机器，而是对人类来说"安全"的机器。[①] 即，我们不应该将人类的决策和道德责任外包给机器。相反，我们应该努力创造出不会伤害人类的安全的机器。

其他对机器伦理学持批评态度的学者还包括邓肯·普尔夫斯（Duncan Purves）、瑞安·詹金斯（Ryan Jenkins）和布莱恩·塔尔伯特（Brian Talbot）。他们在联合发表的几篇文章中提出了对机器伦理学前景持怀疑态度的原因。[②] 我将提到他们两个最有力的论点。第一个论点是，普尔夫斯等人认为，机器伦理学研究倾向于假设合乎道德就等于机械地遵守某些规则，而在现实生活中，合乎道德的行为并不能被编码成一套简单的规则。相反，伦理学是情境敏感性的。它需要运用人的判断能力。普尔夫斯等人认为机器缺乏这种能力。[③] 第二个论点是，在普尔夫斯等人看来，符合伦理就是要求能够依据理性来行事。他们认为，只有人才能够依据理性来行事。关于一个人为什么会"依据理性来行事"有两种主要理论：① 基于信念和欲望行事的理论，和② 基于独特的心智状态来行事的理论，这种心智状态被称为"把某物作为行事的理由"。这两种依据理性来行事的方式都需要人类的头脑和意识。普尔夫斯等人认为，机器人缺乏意识，也缺乏获取这些心智状态的能力。[④] 因此，机器人不能基于理性行事，它们

---

① Van Wynsberghe and Robbins, "Critiquing the Reasons for Making Artificial Moral Agents,"同前文引。

② 参见 Purves et al., "Autonomous Machines, Moral Judgment, and Acting for the Right Reasons,"同前文引，和 Brian Talbot, Ryan Jenkins, and Duncan Purves（2017），"When Reasons Should Do the Wrong Thing," in Lin, Abney, and Jenkins, *Robot Ethics 2.0: From Autonomous Cars to Artificial Intelligence*,同前文引。

③ Purves et al., "Autonomous Machines, Moral Judgment, and Acting for the Right Reasons,"同前文引，第 856—857 页。

④ 同上，第 860—861 页。

也就不能在道德上正确或错误地行事。[1]

现在，我想做的是进一步阐释刚才提到的对机器伦理学的批评，并将"机器伦理学"（或者更普遍地说，设计出伦理上善的机器）的理念与道德哲学中关于何为善的一些经典观点联系起来。首先我想提出一个当许多哲学家听到创造基于道德原则的机器的想法时，他们的脑海中会浮现出来的概念区分。这是康德在《道德形而上学原理》(*Groundwork for the Metaphysics of Morals*)第一主要部分的开头所作的著名区分，即"依照义务的行事"和"出于义务的行事"。[2] 在康德看来，如果我们想要理解何为伦理上的善人［即有着"善良意志"(good will)的人］，其中第一个需要做的事情就是考察只按照伦理要求行事（"依照义务的行事"）的人与努力做正确事情的人（"出于义务的行事"）之间的区别。

康德认为，有各种各样不同的动机和理由促使人们依照义务行事，从基于计算的个人利益，到人们行为的自然偏好恰好在道德上是善的，如此等等。这些动机和理由是积极有效的，人们被各种各样的理由所激励，以符合伦理上善的行为标准。但是对于那些值得我们敬佩的伦理行动者来说，他们之所以这样做乃是出于他们自身对善的行为的理解，他们想要做善事。也就是说，他们的行为与伦理所要求的善人之间具有一种必然关联。[3]

我之所以会提到康德所作出的"依照义务的行事"和"出于义务

---

[1] Talbot et al.，"When Reasons Should Do the Wrong Thing，"同前文引。

[2] Kant，*Groundwork for the Metaphysics of Morals*，同前文引，参见第1节。

[3] 有趣的是，这在某种程度上与詹姆斯·摩尔(James Moor)在机器伦理中讨论的"内隐道德行动者"(implicit moral agents)和"外显道德行动者"(explicit moral agents)之间的区别相对应。前者是出于某种原因而按照伦理规定行事的人，而后者是基于明确的表述和推理来选择自己做出何种行为的人，这些表述和推理与他们所认可的伦理原则有关，即什么是伦理上正确的。根据安德森的说法，那些研究机器伦理的人对创造"明确的"道德行动者特别感兴趣。Anderson and Anderson，"Machines Ethics，"同前文引。关于摩尔的讨论，参见 James Moor（2006），"The Nature，Importance，and Difficulty of Machine Ethics，" *IEEE Intelligent Systems* 21，18 - 21。

的行事"之间的区分，是因为没人会在意机器人依照义务去行事的前景（即机器人的行为方式符合我们关于什么是善的和合适的行为的伦理观念）。大概即使是那些对机器伦理学高度怀疑的人——比如范·温斯伯格和罗宾斯，也不会反对机器人依照伦理上善的和正确的标准行事。

更有趣的地方在于，机器可否能更进一步说它们能够"出于义务而行事"。① 我的意思并不是说机器必须像康德伦理学中所描述的那种道德行动者那样行事。我的意思是仅仅考虑机器是否能够成为像人类行动者那样在伦理上是善的。这可能意味着机器人要做康德意义上的伦理上善的行动者所做的事。也可能是做其他伦理学理论所描述的伦理上善的行动者所做的事。那么，现在让我们考虑一下让一个人成为善人的理论清单，进而追问机器人在这些意义上如果是善的，是否有意义。

7.4 行善之道：美德与义务

关于何者为善的伦理学理论主要有两种。第一种理论认为，善就等同于拥有某些美德。这是一种美德伦理传统的体现。但在某种程度上，美德伦理学也得到了其他伦理学理论阵营的作者的认可，比如一些后果主义者（甚至一些功利主义者）②和一些康德主义伦理学

---

① 如果机器人不能"出于义务"而行动，这可能是认为存在责任缺漏的另一个原因（如果以及在哪里存在职责缺漏）。这可能是因为机器人正面临着一种情况，即人类道德行动者必须以某种方式行事，但如果机器人不能出于义务而行事（不管这到底意味着什么），那么我们也许不能说机器人有义务以这种强制性方式行事。一种可能的说法是，机器人肩负着某种"虚拟义务"（virtual duty）：也就是说，如果它像人类一样，出于义务而行事，它就会有这种义务。可以说，我们有实际的义务，因为我们可以出于责任感而行动。相比之下，机器人有虚拟义务，因为如果他们能够出于一种责任感/义务而行动，那么就会有某些行为是他们的义务，例如，帮助保护人们的安全的行为。

② 例如，参见 Julia Driver（2001），*Uneasy Virtue*，Cambridge：Cambridge University Press。

家。① 第二种理论是将善理解为履行义务：即，某些人做了他们有义务做的事情。因此，善也就会依照责任或义务来定义。同样，在支持这些观点的人中也存在一些重叠。支持以美德来定义善的人并不意味着他无法理解善同样也在于对自己的责任和义务作出回应。毕竟，美德在某种程度上可以被理解为对自己应负责任和义务的敏感性。而在一些关于义务的理论中，一个人有义务做的事是根据一个道德高尚的人在特定环境下会做什么来定义的。②

现在，当谈到美德和义务的时候，当然有很多不同的理解这些概念的方式——我们不可能在这里全部讨论这些方式。我将重点讨论一些非常有影响力的思想，然后将它们与机器和机器人是否可以是善的这一问题联系起来。此外，我应当事先说明——我承认，按照道德哲学中通常适用于人类的标准，关于机器人是否能够为善的讨论有些荒谬。但这荒谬性也是问题的一部分。也就是说，通过对道德哲学中一些最具影响力的理论中关于人类善的定义进行简要分析，我们可以发现，在某种程度上，试图创造伦理上善的机器人的想法有些荒谬。

关于美德，许多伦理学导论课程将美德理论与亚里士多德的著作联系在一起。③ 但也有其他类型的美德伦理理论。例如，大卫·休谟（David Hume）在他的《道德原则研究》（*An Enquiry Concerning the Principles of Morals*）一书中提到了一种有影响力且易于理解的美德理论。④ 因此，我将把亚里士多德和休谟的美德理论作为思考美德问题的关键方法。

在亚里士多德看来，有美德的人是那些养成了各种良好品性或

---

① Robert B. Louden (1986)，"Kant's Virtue Ethics,"*Philosophy* 61(238)，473－489.

② 相关讨论参见 Rosalind Hursthouse (1999)，*On Virtue Ethics*，Oxford：Oxford University Press。

③ Aristotle，*Nicomachean Ethics*，同前文引。

④ David Hume (1983)，*An Enquiry Concerning the Principles of Morals*，edited by J. B. Schneewind，Indianapolis，IN：Hackett.

习惯的人，这些人倾向于出于正确的理由、在正确的场合、以正确的方式做正确的事。这需要大量的实践和个人经验，也需要有好的榜样来学习。而且，这些美德是整套的（a package deal）。这有时可被称为"美德的统一体"论点（unity of virtue thesis）①。比如，成为一个有智慧的人，就需要正义、审慎、有节制等美德。根据亚里士多德的观点，一个善人，是指那些拥有好的习惯和品性，发展了一系列美德的人，从而他们可以以正确的方式、出于正确的理由、在正确的场合、以正确的方式行事。②

因此，亚里士多德意义上成为有美德的人就是菲利普·佩蒂特所谓"严格要求"（robustly demanding）的典范。③ 它要求一个人的习惯和性格特质使一个人能够在各种各样的情境中正确地行事，以应对不同的情境可能带来的挑战和机遇。也就是说，有美德的人不会仅仅对当前的情况作出正确的回应，还需要有某些性格特质或品性以便像处理实际情况一样处理其他可能的情况。例如，一个善良的人不仅需要在容易和方便做善事的情况下以善良的方式行事，善良的人也需要在各种适合善良的情况下表现出善良，包括那些不太容易和不太方便表现出善良的时候。

再来探讨一下休谟的观点，正如上面提到的那本书（这本书是休谟所有著作中最引以为傲的④）。休谟总结说，这本书的主要目的是提出一种"个人价值"（personal merit）理论。⑤ 从另一个角度来说，休

---

① Aristotle, *Nicomachean Ethics*，同前文引。
② 相关讨论参见 Mark Alfano on the "hard core" of virtue ethics: Mark Alfano (2013), "Identifying and Defending the Hard Core of Virtue Ethics," *Journal of Philosophical Research* 38, 233 – 260。
③ 参见 Pettit, *The Robust Demands of the Good*，同前文引，第 2 章。
④ 休谟在其简短的自传《我的自传》中写道，《道德原则研究》是"我所有的作品中，无论是历史的、哲学的还是文学的，无可比拟的最好作品。"David Hume (1826), *A Collection of the Most Instructive and Amusing Lives Ever Published*, *Written by the Parties Themselves*, *Volume Ⅱ: Hume, Lilly, Voltaire*, London: Hunt and Clarke, 4。
⑤ Hume, *Enquiry Concerning the Principles of Morals*，同前文引，第 16 页。

谟试图提出一个关于什么是善的基本理论。休谟的理论在某种程度上非常简单。它包含两个主要的区分，并主张所有的美德都具有个性特征(personal characteristics)。第一个区分是对我们有益的个性特征和对他人有益的个性特征的区分。第二个区分是有用的个性特征与令人愉快或可接受的个性特征之间的区分。这些区分成了他在《道德原则研究》一书中的整个美德理论的基础，休谟得出的结论是，我们可以获得四种不同的美德：即，我们可以拥有① 对自己有用的个性特征，② 对他人有用的个性特征，③ 令自己愉快的个性特征，或④ 令他人愉快的个性特征。当然，有些人可能不止拥有一种特征，比如，既对我们有用、也对他人有用的个性特征，或者既令我们愉快、也令他人愉快的个性特征，再或者不论对我们还是对他人而言，既有用又令人愉快的个性特征。

接下来，让我们思考在义务或责任方面的善。我将分别从约翰·斯图亚特·穆勒(John Stuart Mill)和伊曼纽尔·康德那里得出主要的理论类型。这两种理论——在普遍意义上——都认为善就是做自己有责任做的事，或者，换句话说，做自己有义务做的事。我认为，这里的主要区别在于，履行义务是否意味着不受到有正当理由的指责(穆勒的理论)或者履行义务是否被认为是遵循自己的原则(康德的理论)。

在《功利主义》一书中，穆勒写道：[①]

> 我们说某件事情是错误的，意思就是说，某个人应当为自己做了这件事而受到这样那样的惩罚；即便没有受到法律的制裁，也要受到同胞的舆论抨击；即便没有受到舆论的抨击，也要受到他自己良心的谴责。这一点似乎构成了区分道德与单纯利益两者的真正关键之处。无论是何种形式的义务，义务这一概念总是包含着，我们可以正当地强迫一个人去履行它。义务这种东

① 《功利主义》中的这段译文采用徐大建译，上海人民出版社，2005，第 49 页。——译者注

西是可以强行索要的,就像债务可以强行索要一样。任何事情,除非吾人认为可以强制他履行,否则就不能称为他的义务。①

我对上述段落的理解是,一个善人是无可指摘的人。也就是说,如果没有任何理由惩罚一个人,或者如果任何人都没有反对一个人的行为,或者这个人自己没有理由对自身的行为感到内疚或羞愧,那么这个人就是一个善人。这样的人完全按照他或她的责任或义务行事。我们可以说,如果一个人的行为无可指摘,并且他或她本人也没有理由感到内疚,那么从这个角度来看,他或她基本上就是一个善人。

在上面提到的《道德形而上学原理》中,康德早就提出,好人是拥有"善良意志"的人,②他接着定义了一个人是否以及如何被激励去履行自己的义务。如果一个人按照义务行事的动机只是与自己的义务偶然相关的话(比如,我们之所以做正确的事情只不过是因为这对我们有利),康德认为,这并不能让我们成为道德高尚、有善良意志且值得尊敬的人。在某人履行义务(做自己必须做的事情)与某人履行义务的动机之间必须有一种必然性关联。

对于本章的目的而言,我们可以把康德的实际论述的大部分细节放在一边。这里最重要的是,康德认为具有善良意志的人是有某些原则并忠于他或她的道德原则的人。在康德看来,一个具有善良意志的人会采纳某些个人"准则"(maxims)(如我们赖以生存的规则或原则)并遵守它们。③康德本人并没有详细说明在现实生活中采用某些原则的过程是怎样的。这是一个渐进的过程吗?这和制定新年计划的方式类似吗?康德的解释在本质上是非常笼统和简略的。对康德来说,我们如何采纳准则似乎是无关紧要的。康德认为重要的

① John Stuart Mill (2001), *Utilitarianism, Second Edition*, edited by George Sher, Indianapolis, IN: Hackett, 48–49.

② Kant, *Groundwork for the Metaphysics of Morals*,同前文引,参见第 1 部分。

③ 我详细讨论过康德所谓"依照准则行事"的观点,参见 Sven Nyholm (2017), "Do We Always Act on Maxims?" *Kantian Review* 22(2), 233–255。

是，善人（即拥有善良意志的人）忠实于他们的个人准则，我们也可以遵循这些原则。[①]（在康德看来，同样重要的是，我们愿意去遵守我们制定的原则，这些原则同样作为对每个人都适用的普遍法则。）我还应该指出，我并不认为这意味着人们总是必须把他们对某些原则的承诺作为他们行动的直接动机。相反，我认为康德的意思是说我们所遵循的原则（或"准则"）应该发挥规范我们行为的作用，或者确保我们做我们认为是正确的事情，并且避免我们认为错误的事情的发生。

7.5 机器人与美德

"鲁姆巴"（Roomba）是一款吸尘清扫机器人。它看起来有点像一只大甲虫，在吸尘时四处游荡，并试图避开路上的障碍物。有些人非常喜欢他们的"鲁姆巴"，甚至给它们起了绰号。有些人甚至在去家庭度假时带上它们。[②] 让我们假设这些机器人能够以一种非常可靠的方式执行它们的吸尘任务，并且能够在各种不同的房间吸尘清扫。如果始终能够提供吸尘清扫服务是机器人鲁姆巴具有的有用的和令人愉悦的功能，那么机器人鲁姆巴在宽泛的意义上至少拥有了一种美德，即一直能够帮忙吸尘清扫的美德。休谟关于美德的阐释，至少将允许我们称其为机器人的一种美德。毕竟，休谟将美德定义为一种个人品质，这种品质对当事人或他人来说，要么是令人愉快的，要么是有用的。有人可能会回应——机器人的这种美德应该属

---

① 我们应有康德所说的对"道德律"的"尊崇"，这里我的理解是，我们应该非常认真地对待忠实于自己原则的想法。（Kant, *Groundwork for the Metaphysics of Morals*，同前文引，第1部分。）当然，在康德看来，一个有善良意志的人选择他或她的原则的基础是这些原则适合于所有人。但这里我把康德理论的这一部分内容放在一边，我所关注的是康德的这一观点，即好人是因他或她忠实于某些原则而履行其义务的人。

② Ja-Young Sung, Lan Guo, Rebecca E. Grinter, and Henrik I. Christensen（2007），"'My Roomba is Rambo'：Intimate Home Appliances," in John Krumm, Gregory D. Abowd, Aruna Seneviratne, and Thomas Strang（eds.），*UbiComp 2007: Ubiquitous Computing*，Berlin：Springer，145-162.

于休谟理论中"个性特征"的哪部分呢？好吧，有些人想要捍卫鲁姆巴的美德，可能会反驳说，人们确实给他们的鲁姆巴机器人起了绰号，因此似乎是以一种人格化的方式对待它们。

回想一下，与被称为"布默"的拆弹机器人一起工作的士兵认为，布默拥有"自己的人格"。[①] 正如在前几章中所提到的，当机器人在战场上被摧毁时，军队里的士兵们对它非常不舍，他们随即为布默举行了一场军事葬礼，他们还想给它颁发两枚荣誉勋章。这些士兵可能认为机器人布默具有对他们而言有用的特性。他们似乎对这个机器人很有好感，所以也觉得这个机器人在某种程度上对他们也很有好感。

这就是我们所说的"最低限度的美德"——比亚里士多德美德理论中描述的"严格要求"的美德更容易拥有。[②] 事实上，一些对亚里士多德美德伦理学持批评观点的人甚至认为，亚里士多德对美德的描述是如此苛刻以至于很多人都无法拥有亚氏意义上的美德。也就是说，如果拥有美德是要求我们有一种根深蒂固的、稳定的性格，并且在正确的时间、出于正确的理由、以正确的方式做正确的事情，很多人就不能始终如一地在不同情境下以亚里士多德式的美德行事。[③] 情境主义批判是基于对人类行为的各种社会心理学研究。这一理论对人类性格的跨情境一致性深表怀疑。[④] 根据情境主义的批判路径——尤其是吉尔伯特·哈曼（Gilbert Harman）[⑤]和约翰·多丽丝（John Doris）[⑥]

[①] Garber, "Funerals for Fallen Robots,"同前文引。

[②] Pettit, *The Robust Demands of the Good*,同前文引。

[③] Christian Miller（2017），*The Character Gap: How Good Are We?* Oxford：Oxford University Press.

[④] Mark Alfano（2013），*Character as a Moral Fiction*, Cambridge：Cambridge University Press.

[⑤] Gilbert Harman（1999），"Moral Philosophy Meets Social Psychology：Virtue Ethics and the Fundamental Attribution Error," Proceedings of the Aristotelian Society 99，315 - 331；Gilbert Harman（2009），"Skepticism about Character Traits," *Journal of Ethics* 13（2 - 3），235 - 242.

[⑥] John Doris（2005），*Lack of Character: Personality and Moral Behavior*, Cambridge：Cambridge University Press.

的相关论述——人们所处的环境对他们的影响比我们大多数人意识到的要大得多。那么我们可能会问，机器人也深受情境影响吗？

现有的机器人往往擅长在受控环境中完成特定的任务，但它们在不同的领域和环境中往往表现不佳。到目前为止，他们不擅长处理各种范围广泛的任务。① 因此，如果要拥有亚里士多德意义上更强的美德，就需要一个人能够在不同的环境中以一贯和慎重的方式行动，那么很难想象现在的机器人会拥有亚里士多德描述的那种美德。

现在的机器人很难拥有亚里士多德式的美德，这一点通过美德统一体论点得到了进一步确认。这一理论认为，拥有正确的个人美德需要拥有一系列其他美德，这些美德有助于我们对所处的情境和所面临的挑战作出一系列适当的回应。例如，对于一个勇敢的人来说，在特定的情况下（例如，有人被攻击）该如何道德地作出回应？根据美德统一体理论，这在一定程度上取决于在给定的情况下，应该做出何种程度之公正的、谨慎的、富有同情心的行为。根据亚里士多德的美德伦理学，如果有人具有一系列的美德，这些美德会共同帮助这个人以正确的理由恰当地应对他或她所面临的挑战。因此，有美德的机器人也需要具备一系列的美德，而不仅仅是某种单一的美德（比如鲁姆巴所具有的单一美德）。②

---

① Mindell，*Our Robots，Ourselves*，op. cit.；Royakkers and Van Est，*Just Ordinary Robots*，同前文引。

② 就人类而言，亚里士多德认为我们通过个人经验和实践，努力把自己发展成更好的人，从而也就获致了美德。碰巧的是，伯特伦·马尔和著名的人工智能专家斯图亚特·罗素（Stuart Russell）认为，机器人将最有可能在道德上成为善的，不是通过预先设定程序的方式，而是通过日积月累的训练，成为道德上善的。参见 Malle，"Integrating Robot Ethics and Machine Morality：The Study and Design of Moral Competence in Robots," 和 Stuart Russell（2016），"Should We Fear Supersmart Robots？"*Scientific American* 314，58–59.事实上，在最近的一次人工智能会议上，一个工程师小组受到美德伦理思想的启发，甚至试图将机器人的美德学习必须涉及的不同参数形式化。参见 Naveen Govindarajulu，Selmer Bringsjord，Rikhiya Ghosh，and Vasanth Sarathy（2019），"Toward the Engineering of Virtuous Machines，"*Association for the Advancement of Artificial Intelligence*，http：//www. aies-conference. com/wp-content/papers/main/AIES-19_paper_240.pdf（Accessed on August 27，2019）。

再回到普维斯等人之前讨论过的观点，即机器人不能根据理性而行动，因为它们缺乏根据理性行动所涉及的适当类型的心智状态。如果普维斯等人的观点是正确的，那么这就为机器人有美德的前景提出了另一个问题。正如之前所述，亚里士多德关于美德的解释要求有美德的人能够按照正确的理由、在正确的场合、以正确的方式行事。如果机器人不能出于理性而行动，那么机器人就不能满足亚里士多德意义上的关于美德的定义。

总而言之：机器人能够拥有美德吗？从最低限度的和不苛求的意义上来理解美德的话，机器人或许是有的。但是一旦我们开始对美德（或一系列美德）有了更高的要求，美德机器人的想法似乎就不那么可信了。机器人不倾向于在各种不同的情境中表现一致；他们往往擅长一项任务，而不是许多不同的任务；机器人是否能够根据理性行动还值得怀疑。因为这些都是美德的标志——也就是说，在不同的情境中始终能够做正确的事情，拥有"美德统一体"，以及出于正确的理由而行动——所以，机器人能否在可预见的未来变得更有美德，这一点值得怀疑。

7.6 机器人与义务

现在让我们来思考一下，成为一个一般意义上的好人就是成为一个无可指摘的人：即我们没有理由去惩罚或责备某人，并且这个人也没有理由感到良心不安。那么，机器人在这个意义上可以是善的吗？在更仔细地思考这个问题之前，我们首先想到的可能是：好吧，没有人会想惩罚或责备机器人，况且机器人很可能也没有负罪感，所以机器人是无可指责的。因此，它是一个好机器人！然而，一旦我们更仔细地思考这个问题，我认为这似乎不再合理了。

在人的案例中，存在一种反事实条件（counterfactual condition），当成为好人意味着我们没有理由惩罚或责备他们，或没有理由期望他们对任何事感到内疚。然而，存在一个反事实的条件，如果一个好人开始不能按照他或她的基本义务行事，而且此人是一个理智的、有道德责任感的成年人，那么惩罚或责备他/她就是合理的。[①] 然后这个人就有理由感到内疚了。因此，我们没有理由去惩罚、责备一个人，这个人也没有理由感到内疚。但如果一个人的行为违背了他或她的义务，那么这些事情就有可能会成为现实。因此，当我们思考一个机器人是否可以在无可指摘的意义上是善的时候，我们需要问，同样类型的反事实条件是否也适用于机器人。

当然，如果我们考虑科幻场景或可能存在于遥远未来的机器人时，很可能会存在与刚才提到的反事实条件相关的机器人。目前，这些机器人的行为方式可能不会让它们受到惩罚、责备或有内疚感，但是，如果这些想象中的机器人的所作所为违背了它们的义务，那么惩罚、责备和内疚感就会出现。可以肯定的是，我们至少可以把这一场景想象成一个以高度复杂的机器人为特征的科幻故事。例如，如果《星球大战》中举止优雅的 C-3PO 机器人做出了某些道德上令人反感的行为，而人类角色（如莱娅公主、汉·索罗或卢克·天行者）会责怪 C-3PO，在科幻电影的语境中，这可能不会让观众觉得不现实。

然而，对于任何现实中的机器人，我们没有理由惩罚、责备它们或期望它们感到内疚，因而很难想象这种反事实条件会发生。即便一个由一些天才的机器伦理学研究者根据道德原则所创制的机器人也是如此。让我们想象一下，有一款阿金认为具备"伦理治理者"功能的军用机器人。[②] 这样的机器人可能会以一种令人满意的方式运行，基于其"伦理治理者"的恰当功能。然而，如果军用机器人在伦理

---

① See Naveen Govindarajulu, Selmer Bringsjord, Rikhiya Ghosh, and Vasanth Sarathy (2019), "Toward the Engineering of Virtuous Machines," *Association for the Advancement of Artificial Intelligence*, http://www.aies-conference.com/wp-content/papers/main/AIES-19_paper_240.pdf (Accessed on August 27, 2019).

② Arkin, *Governing Lethal Behavior in Autonomous Robots*, 同前文引。

可接受的情况下停止运作，那么根据这种反事实条件来惩罚或责备机器人，或者根据这种反事实条件来让机器人感到内疚则是不合理的。

回顾第 2 章关于潜在的职责缺漏与惩罚缺漏的讨论。正如斯派洛所说，让机器人对自己的行为承担道德责任似乎没有意义。[1] 丹纳赫也认为，惩罚造成伤害的机器人似乎是不明智的，认为机器人会受到良心的谴责也是不合理的。[2]

我认为，这里存在着一个关键性区别，一方面我们没有理由去惩罚、责备或者期待普通人感到内疚，另一方面，对于一般的机器人，我们同样没有理由去惩罚、责备或者期待它们感到内疚。但两者间存在关键的区别。就人类的情况言之，这表明我们在与一个善人打交道，然而以机器人的情况言之，这并不表明我们在与一个好的机器人打交道。原因在于，在前一种情况下，存在上述反事实条件，在后一种情况下，情况并非如此。

接下来让我们思考康德的理论，康德认为，如果某些人坚定地致力于根据他们认为应该遵守的原则来规范自己的行为，那么这些人就是善的（并且拥有善良意志）。在这里，我们的第一反应也可能是，这将为善的机器人的想法铺平道路——因为毫无疑问，机器人可以被设计成能够坚持某些原则，并且非常坚定地坚持这些原则，从不偏离正确的路线。可以肯定的是，这正是阿金所讨论的基于伦理编程的军用机器人的幕后想法。[3] 与人类不同的是，人类有时会受到情感、自私或其他因素的影响而做出不良行为，而阿金意义上的军用机器人永远不会受到这些邪恶诱惑的影响。故而，人们可能会认为，这种基于伦理编程的机器人将会是尽善尽美的。

然而，在我看来，这并不符合康德在他的各种伦理著作中提出的

---

① Sparrow, "Killer Robots."

② Danaher, "Robots, Law, and the Retribution Gap."

③ Arkin, *Governing Lethal Behavior in Autonomous Robots*, 同前文引。

道德善性理论(theory of moral goodness)的精神。相反,这个想法似乎又有了反事实的元素,但与上面讨论的稍有不同。根据我的理解,在康德的理论中,关联的反事实条件是：假设一个人基于义务原则来规范他或她的行为,并且他或她的行为并不违背义务,那么他或她就会坚持这些原则。当然,这个人可能会受到情感或冲动的影响,这可能会诱使他或她做出不道德的行为。使他或她成为一个具有善良意志的好人的原因是,这个人通过坚持他或她的原则来努力避免做出任何不道德的行为。① 这个人的原则或"准则"会通过建立心理屏障来阻止不道德行为的动机,帮助他或她在正确的道路上走下去,正是这种心理屏障使他或她成为好人。在康德看来,履行包含有一些原则的义务可以帮助人们防范潜在的做坏事的欲望或冲动。有人可能会说,它包含着对诱惑的控制。在康德的观点中,成为一个善人,相当于锻炼一种道德的自我控制形式。②

我所理解的康德关于使一个人成为善人的观点意味着一个被编程总是严格遵守伦理规则的机器人并不能成为此种理论意义上的好的机器人。机器人无须进行道德自律。正如阿金所指出的,这样的机器人永远不会有任何情感或冲动,会诱使机器人以违背其伦理原则的方式行事。当然,机器人遵守伦理规则可能是一件好事,因为这可能意味着实现了好的结果,避免了坏的结果。但这并不意味着机器人获得了康德意义上的善。③

---

① 康德写道："美德是一个人履行其义务的准则力量。任何一种力量都只能通过克服障碍来体现,就美德而言,这些障碍是自然趋势,可能与人类的道德决定发生冲突……"参见Kant, *Metaphysics of Morals*,同前文引,第 167 页。

② 康德写道："既然约束自己的道德能力可以被称为美德,那么由这种倾向(尊重法律)而产生的行为可以被称为美德(伦理)行为……"Kant, *Metaphysics of Morals*,同前文引,第 167 页。

③ 当然,如果试图创造出有不良冲动的机器人,让它们通过坚持自己的道德原则来进行道德自我控制,那就有点荒谬了。正如我在上面的文章中提到的,讨论机器人是否可以——或者应该被设计成像人类一样的好人,在某些方面是有点荒谬的。这就是其中一个例子。

7.7　成为善的还是看起来是善的？

马克·考科尔伯格讨论了另一个反对机器人可以"拥有道德"的观点。[①] 这个论点开始于一个描述性和规范性的前提，根据这个前提，道德行动者需要并且应该具有特定的情感。这个论点的第二个前提是机器人缺乏情感，因为它们缺乏与情感相关的心智状态。考科尔伯格认为，机器人在某种程度上就像"精神病患者"。[②] 也就是说，他们就像缺乏正常道德行动者所具有的典型社会情感能力的个体一样。因此结论就是机器人不可能拥有道德。

这一论点的描述性部分认为，事实上，我们通常将人类道德行动者与情感反应和社会互动联系起来。这一论点的规范性部分认为，道德上可接受的人际关系和人际互动中也应该包含某些情感。例如前一节所提到的，我们通常认为做了错事的人会对自己的行为感到内疚（＝描述性的）。但我们也认为，做了错事的人应该对自己的行为感到内疚（＝规范性的）。同样，如果机器人缺乏相关道德情感的能力，它们就不能同时满足与情感相关的道德行动者的描述性和规范性条件。[③]

在考科尔伯格的讨论中，最有趣的并不是他所提出的这个论点，

---

① Coeckelbergh, "Moral Appearances：Emotions，Robots，and Human Morality,"同前文引，第 235 页。

② Coeckelbergh, "Moral Appearances：Emotions，Robots，and Human Morality,"同前文引，第 236 页。

③ 顺便一提，如果存在道德上的必要，道德行动者有时应该以特定的情绪作出回应，这似乎与阿金关于机器人比人类更有道德，因为机器人缺乏情感的论断相龃龉。当然，这一切都取决于如何理解情感。机器人很可能能够模仿人类情感的某些方面，比如特定的面部表情。但它们可能无法复制人类情绪的其他方面，比如与不同情绪相关的主观感受。对考科尔伯格论点的更全面的讨论将包括对我们通过情感所理解的东西的细致分析。但由于我更感兴趣的是考科尔伯格对上述概括论点的回应，而不是该论点本身，我将不再进一步探讨情感的本质。关于人类情感与技术伦理之关系的有益的探讨，参见 Sabine Roeser (2018)，*Risk，Technology，and Moral Emotions*，London：Routledge。

毕竟，其他作家也提出过类似的观点，比如肯尼斯·埃纳尔·希玛（Kenneth Einar Himma）。[①] 希玛也认为，道德行为需要拥有意识，但是机器人缺乏意识。事实上，考科尔伯格的讨论中最有趣的部分是他对前沿论题（just-reviewed-argument）的回应。这是一种区分理论与实践、表面与现实的回应。

考科尔伯格认为，实际拥有道德相关的情感可能不如表面上拥有这些情感那么重要。他解释道：

> 我们的情感和道德行动理论或许假设情感需要心智状态，但是在社会-情感实践中，我们依赖于他人对我们的看法。类似地，对于我们与机器人的情感互动，依赖于机器人在我们心目中的形象也便足够了……作为一项规则，我们不要求证明对方有心智状态或他们是有意识的；相反地，我们把对方的外表和行为举止理解为一种情绪的表达……因此，倘若机器人足够先进——也就是说，如果它们能够以一种足够令人信服的方式模仿人的主体性和意识——它们也可以通过外表的呈现成为对我们很重要的准他人。[②]

考科尔伯格这一观点的引人注目之处不仅在于他对机器人的看法，还在于他对人类道德的看法。他写道："在某种程度上，人类的道德依赖于情感——不仅在于情感的状态（即拥有情感能力），还在于对情感能力的行使——道德并不需要心智状态，只需要心智状态的

---

① Kennth Einar Himma（2009），"Artificial Agency，Consciousness，and the Criteria for Moral Agency：What Properties Must an Artificial Agent Have to Be a Moral Agent?" *Ethics and Information Technology* 11（1），19 – 29. 相关讨论亦可参见 chapter 2 of Andreas Theorodou（2019），*AI Governance through a Transparency Lens*，PhD Thesis，University of Bath.

② Coeckelbergh，"Moral Appearances：Emotions，Robots，and Human Morality，"同前文引，第 238 页。

表象。"①如果这对于人类来说是正确的，那么我们就不能对机器人的道德要求更多，否则就是不公平。如果能设计出令人信服地表现出与道德相关的情感的机器人，那么这就足以让机器人有资格成为道德能动者。这就是考科尔伯格的建议。

关于机器人是否能够成为善的这一问题是否也存在类似的观点？就人类而言，在社会情感实践中，我们对他人是否是善人的判断是基于这些人在我们心目中的形象。有人可能会说，我们无法知道别人是不是真的善；我们只能知道他们表现给我们的样子。所以，有人可能会说，别人给我们留下的印象才是至关重要的。丹纳赫所说的"伦理行为主义"②，同样也适用于机器人。也就是说，如果它们的行为方式让我们觉得它们是善的，我们就应该得出这样的结论：机器人确实是善的。外表确实至关重要，这是一个可靠的论点吗？

就像我在友谊问题上反对这种说法一样，我也反对这一论点，因为它适用于作为道德行动者的外表，或作为善人的外表。用考科尔伯格的术语来讲，我们的社会-情感实践是非常敏感的，无论某人是否是他们看起来的样子就像我们会区分谁是真正的朋友，谁只是看起来是朋友一样，我们通常也会区分仅仅看起来善和真正善的人。

正如我在第 5 章中所说的，我们不应该把① 我们认为某人具有某种有价值的品质的证据与② 我们在评价该品质时所看重的东西混为一谈。例如，我看重的不仅是朋友的行为或个人举止（例如，帮助我做某事），还包括我认为他们对我的潜在的关心，这是促使他们来帮助我的部分原因。朋友是那些因为关心我们而愿意帮助我们的人，而那些不是我们朋友的人，可能会因为某些有利的原因而愿意帮

---

① Coeckelbergh，"Moral Appearances：Emotions，Robots，and Human Morality，"同前文引，第 239 页。
② John Danaher (2019)，"Welcoming Robots into the Moral Circle：A Defence of Ethical Behaviorism，" *Science and Engineering Ethics*，1 - 27，online first at https：//link. springer.com/article/10.1007/s11948-019-00119-x.

助我们。① 类似地，我们可能会根据某人的行为来解释他是一个善人。但这并不意味着我们看重的只是他们的行为。相反，我们很可能把他们的行为看作是他们某些潜在的态度、价值观或原则的象征。我们认为一个人是善人不仅是因为他的行为，还因为他的性格和动机的潜在方面，这些是我们认为构成这个人善的组成部分。

让我们把这一点与机器人的情况联系起来。机器人的行为方式可能与一个好人的行为方式相似。从这个意义上说，机器人可能看起来是善的，就像人类表现的一样。然而，对于人类来说，我们会把这个人的行为作为证据，证明这个人具有某些潜在的态度、价值观、原则或任何导致这种善的行为的因素。而且，我们很可能会认为这是一个善人，因为他或她的行为是基于这些潜在的态度。潜在态度的存在是使这个人成为一个善人的真正原因，而不是那些仅仅模仿一个善人的行为，就像人们所说，这些模仿好人行为的人往往"别有用心"。

可以肯定的是，就机器人而言，我们可能会凭直觉参与读心术，就像前一章讨论的那样。我们会自发地把行为良好的机器人看作是它们具有我们认为一个善人具有的那种潜在的态度、价值观和原则。然而，就机器人的情况来看，我们经过反思可能会担心，是否错误地将这些潜在的品质赋予了机器人。就像对于人类来说，机器人是否能成为一个真正的"善人"取决于机器人是否真的有一些与成为一个善人相关的潜在品质。

正如前一章所提到的，通常的做法还包括判断一个人的行为是否反映了他的"真实自我"。② 有时候，人们的行为方式会让他们看起来很坏，这似乎表明他们不是好人。其他人，尤其是他们的朋友，可能会认为这种行为并不能代表这个人的"真实自我"：即他们究竟是

① 参见 Pettit, *The Robust Demands of the Good*, 同前文引, 第 1 章。
② Strohminger, Knobe, and Newman, "The True Self: A Psychological Concept Distinct from the Self," 同前文引。

怎样的人。人们会对他人和自己做出这样的判断。例如，有些人的行为表现不好，他们可能会为自己的行为负责并为此道歉。但他们可能会坚持认为，他们的行为并不能代表"他们的真实自我"。或者，如果我们所爱的人表现出不好的行为，我们可能会先责怪他们，然后坚持认为这种不好的行为并不能代表他们的真实自我。

当然，谈论一个人的"真实自我"可能会让一些读者感到有些可疑。① 然而，这是我们如何读懂对方以及如何看待自己的一种非常常见的做法。正如我在前几章中提到的，这是一个不一样的抽象"层次"，在此层次上，我们倾向于解读对方的思想。而且，重要的是，对于本章的主题而言，重要的是我们人类的日常实践中涉及到的另一个重要区分，即人们的行为呈现出的他们的样子与他们真实的样子之间的区分。

有趣的是，尼娜·斯特罗明格（Nina Strohminger）等人的一些社会心理学研究表明，人们有一种根深蒂固的直觉，认为"真实的自我"通常是善的。② 人们有时会说，"在内心深处"大多数人都是善人。根据这一普遍存在的直觉，如果人们表现良好，人们的行为往往被解释为更能反映出他们"内心深处"或"究极本质"的真实自我。当他们做出不道德的行为时，他们的行为通常就会被解释为无法代表他们的真实自我。

---

① 关于讨论（在与大脑刺激技术相关的伦理问题的背景下）"真实自我"的概念是一个有问题的形而上学概念，还是相反，它是常识道德思维的一个可接受的部分，可参见 Sabine Müller, Merlin Bittlinger, and Henrik Walter（2017），"Threats to Neurosurgical Patients Posed by the Personal Identity Debate," *Neuroethics* 10(2)，299 - 310，和 Sven Nyholm（2018），"Is the Personal Identity Debate a 'Threat' to Neurosurgical Patients? A Reply to Müller et al.," *Neuroethics* 11(2)，229 - 235。

② 关于讨论（在与大脑刺激技术相关的伦理问题的背景下）"真实自我"的概念是一个有问题的形而上学概念，还是相反，它是常识道德思维的一个可接受的部分，可参见 Sabine Müller, Merlin Bittlinger, and Henrik Walter（2017），"Threats to Neurosurgical Patients Posed by the Personal Identity Debate," *Neuroethics* 10(2)，299 - 310，和 Sven Nyholm（2018），"Is the Personal Identity Debate a 'Threat' to Neurosurgical Patients? A Reply to Müller et al.," *Neuroethics* 11(2)，229 - 235。

大多数人直觉上认为人的真实自我本质上是善的这一观点不论是否正确，人们在判断一个人的真实自我时所使用的隐喻和表达方式表明，人们非常关注潜在的态度、价值观、动机等等。这一点可以从人们对他人"内心深处"或"究极本质"的看法中得出。这一切都强烈地表明，普遍的社会-情感实践不仅基于人们表现出来的行为，也基于人们潜在的与他们的真实喜好密切相关的个人品质。如果机器人能够按照人类通常的评价彼此的方式那样成为善的，机器人或许也就具备了潜在的个性品质。

第 8 章

机器人的权利：机器人应该为奴吗？

8.1　踢机器狗残忍吗？

2015年2月，美国有线电视新闻网（CNN）发表了一篇题为《踢机器狗残忍吗？》（Is it cruel to kick a robot dog?）的文章。[1] 写这篇文章的起因是，人们开始对波士顿动力公司（Boston Dynamics）发布的一段视频表达批评意见。这段视频介绍了一只名为"斑点"（Spot）的机器狗。正如波士顿动力公司的视频所显示的那样，"斑点"拥有一种不可思议的保持平衡的能力，它可以在跑步机上或楼梯上跑步。为了展现机器狗保持平衡的能力有多好，波士顿动力公司的员工在视频中踢了这只机器狗一脚。果然，机器狗"斑点"没有摔倒，而是设法使自己保持平衡。然而，很多观众在看这段视频时却难以冷静。CNN发表的这篇文章中摘录了一些观众的评论："用脚去踢一只狗，即便是只机器狗，也是大错特错的。""可怜的小斑点儿！""小斑点被踢了，这让人毛骨悚然。"[2]

然而，有时人们对机器人的同情会减弱。2019年，《纽约时报》发表了题为《我们为什么要去伤害机器人？》（Why Do We Hurt

---

[1] Phoebe Parke（2015），"Is It Cruel to Kick a Robot Dog?" *CNN Edition*，https://edition.cnn.com/2015/02/13/tech/spot-robot-dog-google/index.html（Accessed on July 18, 2019). 据2019年8月的报道，视频门户网站YouTube已经开始删除机器人相互打斗的视频，依据是该网站反对"虐待动物"的政策。参见Anthony Cuthbertson（2019），"YouTube Removes Videos of Robots Fighting for 'Animal Cruelty'," *The Independent*，https://www.independent.co.uk/life-style/gadgets-and-tech/news/youtube-robot-combat-videos-animal-cruelty-a9071576.html.然而，这显然是个错误，并不是YouTube的本意。实际的原因则是，被编程去删除动物打斗视频的算法错误地将机器人打斗视频归类为动物的打斗，而网站对此确实有严格的政策。

[2] Parke, "Is It Cruel to Kick a Robot Dog?"同前文引。

Robots?）①的文章，该文调查了人们对机器人实施的被定性为暴力行为的各种例子。例如：

> 一个搭便车的机器人在费城被斩首。在硅谷，一个安保机器人被击倒在地。另一个在旧金山的安保机器人，身体被油布覆盖，并被涂抹了烧烤酱。……这是一个全球性的现象。在日本大阪的一家商场里，三个男孩用尽全力打败了一个类人机器人。在莫斯科，一名男子用一根棒球棍袭击了一个名叫 Alatim 的教学机器人，并把它踢倒在地，而这个机器人在请求帮助。②

就在同一篇文章中，也有关于人们善待机器人的报道。还有一些关于人们该如何善待机器人的讨论。认知神经学家、社交机器人专家阿格涅斯卡·维科夫斯卡讲述了一件轶事，她的一位同事曾尝试在幼儿园课堂上向孩子们介绍机器人。这位不愿透露姓名的同事报告说，一开始，"孩子们对待机器人的态度非常令人不快，他们会踢机器人，对机器人很残暴、很不友善。"然而，她的同事想出了一种方法来阻止这种行为：

> 幼儿园老师开始给机器人起名字。突然间，机器人不再只是机器人，而是安迪（Andy）、乔（Joe）和莎莉（Sally）。在那一刻，孩子们的不友善行为停止了。③

这招不仅对孩子们有效也对成年人有效，正如美国最大的安保机器人供应商骑士视界（Knightscope）的首席执行官威廉·桑塔纳·李（William Santana Li）指出的那样。在一次关于如何让人们在安保

---

① Jonah Engel Bromwich （2019），"Why Do We Hurt Robots? They Are Like Us，But Unlike Us，and Both Fearsome and Easy to Bully，" *New York Times*，https：//www. nytimes.com/2019/01/19/style/why-do-people-hurt-robots.html （Accessed on August 28，2019）.

② Bromwich，"Why Do We Hurt Robots?"同前文引。

③ 同上。同时参见 Kate Darling （2017），"'Who's Johnny?' Anthropological Framing in Human-Robot Interaction，Integration，and Policy，" in Lin et al.，*Robot Ethics 2.0*，同前文引。

机器人面前举止得体的采访中，李先生指出：

> 对于我们来说，最简单的事情就是当我们去一个新的地方时，第一天，甚至在我们把机器卸下之前，就是去市政厅，吃顿午餐并学习。……与这个机器人见面，吃点蛋糕，进行一场命名比赛，理性地讨论一下这个机器能做什么、不能做什么。你这样做了之后，一切就都好了。百分之百的好。……但是如果你不这么做，……你就会引起公愤。[1]

上述例子说明，人们在机器人面前既可以表现良好，也可以表现不佳。这些例子还表明，对机器人实行不友好的行为（比如，用脚踢它们）会引起公众的道德谴责。此外，这些例子有助于说明我们许多人对机器人的矛盾态度。一方面，我们认为"它只不过是台机器！"另一方面，我们可能会反对针对机器人的暴力或其他不道德的行为，特别是如果机器人看起来像人类或像受人类欢迎的动物（比如狗）。这就引发了一个哲学问题，即我们应该如何看待不同类型机器人的道德地位（或缺乏道德地位）。我们对机器人有伦理义务吗？如果有，为什么会有？

我在前几章中捍卫的一些结论可能会让读者认为，我会很快拒绝将任何形式的道德关怀扩展到机器人的想法。例如，在第3章中，我认为一些机器人（如自动驾驶汽车和军用机器人）应该被视为一种比人类更基本的行动者，它们受到人类的监督和控制，人类对它们的行为承担责任。在第5章中，我对人类和机器人之间的友谊前景持怀疑态度。在第6章中，我认为即使机器人在某种意义上有心智，我们也不太可能创造出具有类似人类心智的机器人。在第7章中，我反对机器人可以像人类那样能够成为善的想法。这些结论都支持这样一个观点，即，不存在以任何形式的道德关怀来对待机器人的道德义务。

回到第1章的主要论点，我建议读者应该仔细考虑如何对待不同类型的机器人。回想一下我在那一章的结论。我认为，为了我们自

---

[1] Bromwich, "Why Do We Hurt Robots?"同前文引。

己的利益，有时值得考虑的是，是否存在一种情境，我们应该去适应机器人和人工智能。我建议，我们应该在给定的情境中试着让自己去适应机器人或人工智能系统，如果这对我们有利的话——特别是我们是在一些特定的领域中这么做，而且这种行为在很大程度上是可逆的，也不会对人类造成太多困扰或冒犯。因此，在我看来，当我们考虑不同类型的机器人以及我们该如何对待它们时，除了其他问题，我们应该问，如果我们以某种看似恰当的道德关怀形式来对待这些机器人，是否对人类有益。在最后一章中，我将提出并讨论一个伦理原则，这一原则支持至少在某些机器人周围形成约束，它的灵感来自康德伦理学的核心信条。我尤为感兴趣的是，我们对待机器人（或至少某些机器人）的方式，能否以尊重自己的人性和他人的人性为指导。

在讨论这个观点之前，我想先简单地提一下另一个有时会在这种语境下讨论的康德式论点。这一论点认为，以"残忍"的方式对待机器人会对我们对待人类的方式产生不利影响。这是安妮·格迪斯（Anne Gerdes）和凯特·达林（Kate Darling）都提出过的论点。[1] 她们认为，如果有人长时间用残忍的方式对待机器人，那么这可能会腐蚀和麻木这个人的性格。进而，这个人可能会以残忍的方式对待人类。因此，根据这一论点，我们最好能够避免以"残忍"的方式对待机器人。这受到康德思想的启发，因为康德提出了一个反对虐待动物的论点。康德认为，这种残忍可能会使我们在对待人类时也变得残忍。[2]

---

[1] Anne Gerdes (2015), "The Issue of Moral Consideration in Robot Ethics," *SIGCAS Computers & Society* 45(3), 274 - 279; Kate Darling, "Who's Johnny?"同前文引；和 Kate Darling (2016), "Extending Legal Protection to Social Robots: The Effects of Anthropomorphism, Empathy, and Violent Behavior Towards Robotic Objects," in Ryan Calo, A. Michael Froomkin, and Ian Kerr (eds.), *Robot Law*, Cheltenham: Edward Elgar, 213 - 234.

[2] Kant, *The Metaphysics of Morals*, op. cit., 207. For a critique of the comparison between robots and animals, see Deborah G. Johnson, and Mario Verdicchio (2018), "Why Robots Should Not Be Treated Like Animals," *Ethics and Information Technology* 20(4), 291 - 301.

我同意格迪斯和达林的看法，如果某种对待机器人的方式将会引发因果链条，导致我们对待人类的方式恶化，那么我们在伦理上就有合适的理由来避免这种对待机器人的方式。然而，我感兴趣的是，是否存在着一些更为直接的道德论点来反对以残忍的或不道德的方式对待机器人。[①] 我怀疑我接下来要讨论的其他主要作者——特别是乔安娜·布赖森、马克·考科尔伯格、约翰·丹纳赫和大卫·贡克尔——也同样有兴趣探讨是否有更多的"直接"论点来支持或反对将一些道德关怀扩展到机器人。是否有呢？

8.2 一种人性的机器人公式？

在第 5 章，我们曾介绍过"戴维猫"。这是一个住在密歇根的男人，他说他已经与一个玩具娃娃"西多尔"（Sidore）结婚超过 15 年了。在来自艾美奖获奖工作室"皮肤深处"（The Skin Deep）的电视秀"异星搜奇"（The Dig）中，戴维猫首次亮相媒体并透露他还有一个叫作"艾琳娜"（Elena）的玩具娃娃，是他的一个情妇。他还有第三个被称作"穆里尔"（Muriel）的玩具娃娃，是他的第二个情妇。戴维猫在一段视频剪辑中评价他的玩具娃娃们时，这样说："我们是多角恋者（polyamorous）。"[②]他指着穆里尔说："这就是穆里尔。"即便戴维猫对这个娃娃的感情没那么深，他还是发表了一个有趣的声明："我不想把她当作一个物来对待，以后也不会。但是……我不想和她产生过多的联系了。"戴维猫的伴侣是玩偶，而不是机器人。即便如此，戴维

---

① 我所说的论证的"直接形式"（direct form），是指这样一种论证，它不考虑以某种方式对待机器人可能产生的后果，与此相反，任何论证都应聚焦于① 我们正在做什么（以及为什么这么做），或者② 我们对待机器人的方式可能被认为是一种标志或象征。例如，我们对待某些机器人的方式是否会在某种程度上违反我们所信奉的任何道德上的重要价值观？

② Uncredited (2017), "THE DIG: Davecat, Married to a Doll," *The Skin Deep*, https://www.youtube.com/watch?v=LiVgrHlXOwg (Accessed on August 28, 2019).

猫在谈及他最不喜欢的穆里尔时，也只是说："我不想把她当作一个物来对待。"①换句话说，他对这些玩具娃娃似乎采取了一种尊重的态度。

现在，如果这些不仅是长得像人类的玩具娃娃，而是具有某种程度的人工智能的机器人，且它们的外表和行为都像人类，情形又会如何呢？我们在前一章中讲到，当考科尔伯格讨论机器人是否"具备道德"时，他认为至关重要的是机器人的行为表现，而不是机器人是否具有类似于人类道德行动者那样的心智状态。② 正如我们所看到的那样，即使对人而言，在考科尔伯格所谓的社会情感实践中，最重要的是人们彼此如何相互呈现。有趣的是，继续扩展他的论题，将同样的论题扩展到机器人是否可以并且应该被视为"道德受动者"（moral patients），③即道德关怀的适当对象。④ 在这里，同样地，考科尔伯格认为至关重要的是行为表现。

如果一个人表现出他或她值得成为道德关怀的对象，那么我们就无须进一步证明其存在任何心智或其他属性，来证明对这个人进行道德关怀是合理的。正如考科尔伯格所论证的，至关重要的是外在的行为表现。他认为，同样的道理也适用于机器人。在他看来，如果机器人表现出和作为道德受动者的人类足够相似，是潜在的值得我们去道德关怀的对象，那么这些外在表现就应该被重视。

这与约翰·丹纳赫最近发表的一篇题为《欢迎机器人进入道德圈》（Welcoming Robots into the Moral Circle）的论文中关于机器人道德地位的辩护颇为相似。⑤ 在论文中，丹纳赫把他的"伦理行为主

---

① Uncredited (2017)，"THE DIG：Davecat，Married to a Doll，" *The Skin Deep*，https：//www.youtube.com/watch?v=LiVgrHlXOwg (Accessed on August 28，2019).

② Coeckelbergh，"Moral Appearances：Emotions，Robots，and Human Morality，"同前文引。

③ 受动者（patient）是与行动者（agent）相对应的概念。——校者注

④ Coeckelbergh，"Moral Appearances：Emotions，Robots，and Human Morality，"同前文引，第 239 页。

⑤ Danaher，"Welcoming Robots into the Moral Circle，"同前文引。

义"从之前的对人与机器人友谊的辩护(已在第5章中讨论过了)扩展到对机器人的道德关怀的辩护。丹纳赫把他的主要论点总结为"行为表现的对等"(performative equivalence)。他注意到,我和莉莉·弗兰克在之前写到,当涉及我们与其他行动者的互动时,对于我们与他们呈现出何种伦理关系而言,"内部'发生了什么'至关重要。"①丹纳赫对于我们观点的回应是诉诸伦理行为主义,"从伦理的角度看,'内部发生了什么'并不重要。"②

丹纳赫的主要论点是这样的：

1. 如果一个机器人在行为上与另一个被广泛认为具有重要道德地位的实体大致相当,那么给予该机器人同样的地位是正确和恰当的。

2. 人们普遍认为,机器人在执行力上与其他具有重要道德地位的实体大致相当。

3. 因此,赋予机器人重要的道德地位是正确且恰当的。③

例如,假设机器狗"斑点"的行为与一只真狗的行为大致相似(即在行为表现上与真狗大致相同)。并且假设人们普遍认为,真狗不该被踢。那么丹纳赫的论点就告诉我们,踢机器狗"斑点"是不道德的。类似地,如果一个机器人——假设是一个比"索菲娅"更高级的机器人——的行为与人类的行为大致相似,那么我们应该像对待人类一样对待这个类人机器人。机器狗"斑点"的内在生命是否与真狗有任何相似之处,或者这个类人机器人是否具有任何类似于人类的内在生命,这些都不重要,只要这个机器人的行为表现类似于具有重要道德地位的生命(如狗或人)就可以了。这就是对丹纳赫观点的概括。

在前面的章节中,我反对丹纳赫伦理行为主义在人与机器人友

---

① Nyholm and Frank，"From Sex Robots to Love Robots,"同前文引，第223页。

② Danaher，"Welcoming Robots into the Moral Circle,"同前文引。

③ 同上。

谊方面的应用，也反对考科尔伯格关于机器人是否具有道德的外在
行为表现的观点。我认为，在这两种情况下，按照我们的普遍价值观
和道德标准，"内在"发生的事情是如此重要，以至于丹纳赫和考科尔
伯格在这些问题上所捍卫的观点都太远离常识，皆不可信。尽管这
是我当时的观点，但我必须在此承认，我对考科尔伯格和丹纳赫关于
我们应该如何对待机器人的伦理更有同感。就像那些认为踢机器狗
在道德上是成问题的人那样，我在道德上更认同这样的观点，即，如
果一个机器人看起来像人类，或者以人类的方式行事，那么在道德
上，给予机器人一定程度的尊重和尊严可能是合适的——也就是说，
有点像戴维猫并没有把他的玩具娃娃"穆里尔"当成纯粹的物来对
待。但是，如果对一个外表或行为看起来像人类的机器人给予一定
的尊重和关怀，这样做是为了机器人本身吗？ 或者我们这样做只不
过是为了彰显我们对人类的尊重？

　　想想德里克·帕菲特所说的"康德最喜爱的道德原则"，通常被
称为"人性公式"（the formula of humanity）。[1] 康德的这一伦理原则
的最初表述是这样的："你对待人的方式，不论是对待你自己，还是对
待他人，始终要把人本身当作目的，而绝不仅仅把人当作手段。"[2]更
简要地说，要把每个人本身视作目的，而绝不仅仅是达成目的的手
段。这一原则通常被解释为体现了一种道德理想，即我们应该给予
我们的人类同胞以尊严和尊重，以回应我们共同的人性。在某种程
度上，以一种不尊重或物化的方式对待一个类人机器人是否冒犯了
这种道德理想？ 我们可以想象一个康德的原则，它被扩展到包括如
何与类人机器人互动的考量。这一扩展的原则或许可以这样表述：
永远把每个人本身作为目的，而绝不仅仅是手段——出于对每个人
的人性的尊重，我们也要把人或机器人外在表现出来的人性始终当

---

① Derek Parfit（2011），*On What Matters*，*Volume One*，Oxford：Oxford University Press，177.

② Kant，*Groundwork for the Metaphysics of Morals*，同前文引，第41页。

作目的，而绝不仅仅是手段。

　　我在这里的观点是，出于对人类的尊重，我们应该以尊重、有尊严或体贴的方式对待类人机器人。换句话说，我们应该重视机器人所表现出来的"人性"，因为我们重视人类的人性。反过来说就是：如果我们虐待一个非常像人类的机器人，这可能会被认为是一种没有尊重人类和人性的行为。设想一个人踢的不是机器狗"斑点"，而是一个非常像人类的机器人。扩展的康德人性公式无疑会谴责这种行为，因为这一行为没有恰当地尊重机器人所表现出来的人性，因此也就没有恰当地尊重人类的人性本身。有人可能会说，这解释了，如果某物表现得与人类相似，我们应该以与人类相关的恰当方式来对待它。[①]

8.3　与其他观点的比较

　　现在我们可以把上面粗略描述的康德式观点与一些我们经常讨论的关于机器人是否具有道德地位的观点进行比较。例如，埃里克·施韦泽贝尔和玛拉·格拉扎提出了以下论点，可以看成是对人工智能权利（AI-rights）可能性的辩护：

● **前提1**：如果实体 A 应该得到一定程度的道德关怀，而实体 B 不应该得到相同程度的道德关怀，那么这两个实体之间肯定存在一些相关的差异，从而导致两个实体在道德地位上的差异。

● **前提2**：可能存在与人类在任何相关方面都没有不同的人工智能。

---

① 这一康德式原则，在我看来，是一个伦理原则，而非法律原则。换句话说，康德式原则认为，以刚才描述的方式行事是不道德的，但这种行为是否应该是非法的，还有待讨论。我在这一章所关注的重点，乃是对机器人来说什么行为可以看成是道德上恰当的行为，而不是应该有什么样的法律规定。有某些对待类人机器人的方式是否应被定性为犯罪的有趣讨论，参见 John Danaher（2017），"Robotic Rape and Robotic Child Sexual Abuse：Should They Be Criminalised?" *Criminal Law and Philosophy*，11(1)，71 - 95。

● **结论**：因此，可能有一些人工智能应该得到与人类类似程度的道德关怀。[①]

根据施韦泽贝尔和格拉扎的观点，赋予人类的相关属性——也会赋予人工智能行动者"相关类似"属性——道德地位都是"心理的和社会的"属性。因此，如果未来的人工智能行动者能够拥有与人类相似的心理和社会属性，那么他们就应该得到与人类同等程度的道德关怀。这个观点与上面提到的康德关于尊重人性和表现出来的人性的原则有什么关系呢？

在我看来，支持康德原则的人可以完全一致地同意施维泽贝尔和格拉扎的观点。他们会一致同意，如果未来的机器人真的有与人类相似的"心理的与社会的"属性，那么这些机器人应该得到充分的道德关怀——就像人类得到的道德关怀那样。我们甚至可以说，这些机器人身上的人性应该被视为一种目的，而不仅仅是一种手段——为了这些机器人，而不仅仅是为了人类的人性。但这里的重点在于，这只涉及到未来可能出现的人工智能行动者，而不是我们预计随时都可以很快出现的任何机器人。然而，上面讨论的康德原则可能已经要求我们对可能已经存在或即将存在的机器人给予一定程度的尊重和尊严，如果这些机器人的外表和行为与人类相似的话。但这——也就是说，尊重这些机器人身上明显的"人性"——将主要是一种尊重人类人性的方式，而不是赋予这些机器人自身独立的道德地位。

从另一个角度看，鲁米·艾斯肯斯（Romy Eskens）的观点与施韦泽贝尔和格拉扎的非常相似。但是艾斯肯斯关注的是现有的机器人，而不是未来"可能的人工智能"。艾斯肯斯特别关注了现有的性爱机器人，并提出它们是否应该被认为具有重要的道德地位。[②] 艾斯

[①] Schwitzgebel and Graza, "A Defense of the Rights of Artificial Intelligences,"同前文引，第99页。

[②] Romy Eskens (2017), "Is Sex with Robots Rape?" *Journal of Practical Ethics* 5(2), 62 - 76. 这篇文章荣获了牛津实践伦理学的"Uehiro 奖"。

肯斯认为，如果一个实体拥有"感觉能力"（sentience）（即拥有感受的能力）或"智慧"（sapience）（即拥有理性思考的能力），那么这个实体就具有道德地位。然而性爱机器人——至少是现有的性爱机器人——缺乏这些属性，艾斯肯斯认为它们不具有道德地位。上面介绍的康德式观点和艾斯肯斯的观点的区别在于，前者可能仍然要求我们对待性爱机器人以一定程度的尊重或尊严。如果一个具有人工智能的有限能力的性爱机器人看起来很像人类，那么它就会有人性的外在表现。因而，对这些性爱机器人进行暴力的行为或模拟强奸的行为可能会被认为是在伦理上成问题的。根据康德的原则，这种行为之所以在伦理上是成问题的，乃是因为性爱机器人表现出来的"人性"会被一种对人类的人性缺乏尊重的方式对待。

这让我想到凯瑟琳·理查森（Kathleen Richardson）提出的观点。理查森是"反对性爱机器人运动"的领袖和对性爱机器人进行强有力女性主义批判的学者。[①] 理查森观察到，首先，大多数现有的性爱机器人似乎都是模仿理想的色情性伴侣。她还注意到一些关于性爱机器人的讨论——比如大卫·列维[②]的讨论——似乎是以性工作者和顾客之间的关系作为性爱机器人与其使用者之间关系的模型。理查森担心，这些事情可能会强化负面的刻板印象，并鼓励对性伴侣特别是对女性的物化。性爱机器人和使用者之间的关系象征着某种不好的东西，而不是值得鼓励的东西。因此，理查森认为，性爱机器人应该被禁止。[③]

---

① Kathleen Richardson（2015），"The Asymmetrical 'Relationship'：Parallels Between Prostitution and the Development of Sex Robots," *SIGCAS Computers & Society* 45(3)，290 – 293.

② Levy, *Love and Sex with Robots*.

③ Richardson，"The Asymmetrical 'Relationship'：Parallels Between Prostitution and the Development of Sex Robots,"同前文引。关于对理查森论点的批判性检视，参见 John Danaher，Brian Earp，and Anders Sandberg（2017），"Should We Campaign Against Sex Robots?" in Danaher and McArthur, *Robot Sex*,同前文引。

理查森可能是对的，一些性爱机器人的设计方式可能会使它们在伦理上不被接受，就像她所描述的那样。但在我看来，认为所有的性爱机器人都必然会以强烈物化性伴侣的方式来设计是不对的，性爱机器人和使用者之间的关系也不必然只能以性工作者和他/她的顾客之间的关系为模型。[1] 同样，像戴维猫这样的人似乎想要与他们互动的玩具娃娃或机器人建立一种爱和尊重的关系。[2] 从上一节所述的康德的道德原则来看，这种与具有人类外表的性爱机器人或性爱娃娃互动的方式，或许可以被视为对人类人性的尊重。

8.4 机器人应该成为"奴隶"吗？

计算机科学家兼机器人伦理学家乔安娜·布赖森最常被讨论的一篇文章的标题颇有点儿挑衅："机器人应该成为奴隶。"[3]然而，布赖森的这番话并不是在暗示我们应该制造机器人奴隶。相反，她的意思是，机器人必然会被人类所拥有（通过买卖），它们被制造出来的目的就是成为为人类提供服务的工具。因此，如果我们创造出具有人类特性的机器人，使它们成为值得道德关怀的道德受动者，我们实际上就会创造出奴隶。但这是我们应该避免的。布赖森认为，最好是制造出没有任何道德上不确定属性的机器人。这样，我们就没有任何理由认为，把机器人仅仅当作工具和可以随意买卖、开启或关闭的物品有什么不对。因此，事实上，布赖森并不认为"机器人应该成为奴隶"。奴隶是受到其他人拥有和控制的人。布赖森认为，我们应该避免制造符合这一描述的机器人。

---

① Lily Frank and Sven Nyholm （2017），"Robot Sex and Consent：Is Consent to Sex Between a Human and a Robot Conceivable, Possible, and Desirable?" *Artificial Intelligence and Law* 25(3)，305 – 323.

② Nyholm and Frank，"From Sex Robots to Love Robots,"同前文引。亦可参见 Devlin，*Turned On*,同前文引。

③ Bryson，"Robots Should Be Slaves,"同前文引。

布赖森还对机器人索菲娅在沙特阿拉伯被授予荣誉公民身份等一系列表演作秀进行了严厉批评。这是一种转移注意力的方式，使人们忽略了更紧迫的人权问题——例如，沙特阿拉伯所有公民的权利是否得到适当保护和保障的问题。布赖森认为对机器人索菲娅授予荣誉公民的做法是一种"侮辱"，因为沙特阿拉伯政府不承认许多生活在这个国家的人所享有的全部权利（full set of rights），特别是妇女和外来务工人员的权利。①

　　类似地，我们可以追问，如果机器人被授予权利或公民身份，究竟谁会受益。机器人会受益吗？还是制造机器人的公司，抑或是机器人的拥有者受益？难道他们不是真正从理应给予机器人的权利中受益的人吗？世界人工智能峰会的创始人萨拉·波特（Sarah Porter）在批评索菲娅/沙特阿拉伯荣誉公民秀时开玩笑说，她将会"给她的智能手机穿上裙子，叫它伊泽贝尔，并教它走路"——从而使她也能有"登上所有主要的科技新闻频道"的希望。② 这里的重点是，汉森机器人公司最终被媒体大量地宣传报道了，是该公司、而不是机器人，最终在这场作秀中获益。

　　有趣的是，尽管布赖森声称我们应该避免制造机器人奴隶，但哲学家史蒂夫·彼得森（Steve Petersen）认为，为我们自己制造机器人奴隶在道德上是可接受的。③ 他的这一观点不仅意味着，可以创造出愚钝的、机械的机器人来充当我们的工具。而且还意味着，我们能够允许制造足够复杂的人工智能机器人，按照共同的哲学准则（如理性的思考和行动能力等），它们将有资格被称为"人"。彼得森认为，如

① Vincent, "Pretending to Give Robots Citizenship Helps No One,"同前文引。
② 波特在推特上开的这个玩笑，参见 https://twitter.com/SColesPorter/status/951042066561323008（Accessed on August 28, 2019）。
③ Steve Petersen（2007），"The Ethics of Robot Servitude," *Journal of Experimental and Theoretical Artificial Intelligence* 19(1)，43 - 54；Steve Petersen（2011），"Designing People to Serve," in Lin et al., *Robot Ethics*，同前文引；以及 Steve Petersen（2017），"Is It Good for Them Too? Ethical Concern for the Sexbots," in Danaher and McArthur, *Robot Sex*，同前文引。

果我们设计的机器人具有强烈的"欲望"去服务他人，"喜欢"服务他人，那么让类人机器人作为我们的仆人并没有什么错。彼得森表示，他并不喜欢"奴隶"一词。但他的观点基本上是说，买卖为服务人类而创造的机器人是完全有正当理由的——条件是这些机器人确实愿意这样做，而且它们也喜欢这样的角色。

那么，本章所讨论的持康德式观点的人，如何将他们的观点与上述两种观点联系起来呢？我认为这种观点的捍卫者可能会同意布赖森的观点，即最好避免制造道德地位不明确的机器人——特别是如果机器人专门设计成为人类服务的工具。例如，像自动驾驶汽车这样的事物不需要有任何类似人类的特性。因此，接受康德关于尊重表面显现的人性的原则，作为尊重人类人性的一种方式，与将自动驾驶汽车视为没有道德地位的纯粹工具是完全一致的。康德的原则可被理解为给了我们两个选择：① 要么避免创造表面看起来像人类或行为像人类的机器人（首选选项），② 要么对任何表面看起来像人类或行为像人类的机器人给予一定的尊重和尊严，因为这是对人类人性的尊重。

就一些机器人而言，让它们看起来并在某种程度上像人类是件好事。例如，卡斯帕（Kaspar）是一款被设计成更简单版本的类人机器人，它被用于治疗自闭症儿童。[①] 这个机器人的目的是帮助这些孩子打开心扉，与其他人进行社会交往。也许是出于这个原因，卡斯帕需要表现得有点像人类才能发挥它的治疗功能。康德的理论会建议我们不要做诸如对卡斯帕拳打脚踢之类的事情，或者违背卡斯帕意愿的事情。但与此同时，康德的理论也可能会建议我们，只要有可能，最好不要制造外表或行为完全像人类的机器人。这样，我们就能

---

① Luke J. Wood, Adolfazi Zaraki, Michael L. Walters, Ori Novanda, Ben Robins, and Kerstin Dautenhahn (2017), "The Iterative Development of the Humanoid Robot Kaspar: An Assistive Robot for Children with Autism," in Abderrahmane Kheddar, Eiichi Yoshida, Shuzhi Sam Ge, Kenji Suzuki, JohnJohn Cabibihan, Friederike Eyssel, and Hongsheng He (eds.), *International Conference on Robotics*, Berlin: Springer, 53 - 63.

减少不尊重人性的风险。①

对于彼得森的观点来说，我们所讨论的康德的原则意味着什么？有趣的是，康德自己认为拥有人类仆人并不需要违背他的人性准则——只要仆人被善待且被有尊严地对待。② 所以康德自己可能会说，如果用尊重人类人性的方式来对待机器人仆人，那么创造具有足够高级能力的机器人仆人并不是不道德的行为。然而，我也可以想象，康德主义者会反对彼得森所讨论的创造一个具有强烈欲望或表面看起来有服务人类的欲望的机器人。这似乎与康德避免表现奴性（servility）行为的理想相冲突。③ 事实上，康德自己也写道，我们都有尊重自己的义务，"不做任何人的奴仆"。④ 从这个角度来看，创造出过于渴望成为我们奴仆的类人机器人，似乎不合时宜。⑤

8.5 "关系转向"的观点

大卫·贡克尔是《机器问题》（*The Machine Question*）⑥和《机器

① 在这里，我想起了计算机科学家兼著名的性爱机器人研究员凯特·德夫林(Kate Devlin)提出的一个建议。德夫林的建议是制造不像人类的机器人(Devlin, Turned On,同前文引)。我在本章中讨论的康德原则可能意味着，德夫林所言的性爱机器人可以被视为纯粹的工具，而不存在道德问题。相比之下，根据康德的原则，任何看起来像人类的性爱机器人都需要受到一定程度的尊重和道德考虑，这是出于对人类人性的尊重。

② Kant, *Metaphysics of Morals*,同前文引。

③ Thomas E. Hill (1973), "Servility and Self-Respect," *The Monist* 57(1), 87 – 104.

④ Kant, *Metaphysics of Morals*,同前文引,第 202 页。

⑤ 相关讨论,参见 Bartek Chomanski (2019), "What's Wrong with Designing People to Serve?" *Ethical Theory and Moral Practice*, 1 – 23, online first at https://link.springer.com/article/10.1007％2Fs10677-019-10029-3, 和 Maciej Musial (2017), "Designing (Artificial) People to Serve — The Other Side of the Coin," *Journal of Experimental & Theoretical Artificial Intelligence* 29(5), 1087 – 1097。

⑥ David Gunkel (2012), *The Machine Question: Critical Perspective on AI*, *Robots*, *and Ethics*, Cambridge, MA: The MIT Press; Gunkel, *Robot Rights*,同前文引。关于对贡克尔观点的很好的总结,参见 David Gunkel (2019), "No Brainer: Why Consciousness Is Neither a Necessary nor Sufficient Condition for AI Ethics," *TOCAIS 2019: Towards Conscious AI Systems*, http://ceur-ws.org/Vol - 2287/paper9.pdf。

人权利》两本书的作者，这两本书皆为机器人的权利辩护。贡克尔对布赖森的立场非常不满。贡克尔对布赖森的观点提出了三个主要反对意见。第一个反对意见是，布赖森的观点过于依赖机器人"工具"论。技术工具论将任何一种技术视为纯粹的工具——技术是，而且只能是达到其他目的的工具或手段。贡克尔认为，这并不适用于普遍的人类经验。我们倾向于给技术赋予各种不同的含义。在很多情况下，人们体验的技术并不仅仅是工具。比如，军用机器人"布默"的例子，战士们对它非常依恋，他们为机器人举行了军事葬礼，并为它颁发了两枚荣誉勋章。[①] 在贡克尔看来，这样做并不是一种错误或者会造成困扰，而是人类的社会性之表达。贡克尔认为，期望人们总是以纯粹的工具视角看待与他们互动的所有机器人是站不住脚的。人们会想要和一些机器人建立关系。人们想要对机器人表现出道德关怀。

贡克尔的第二个反对意见是，布赖森的理论——将机器人描述为工具或设备——是一种"不加反思的种族优越论"。贡克尔认为，在人们如何看待机器人以及他们自己与机器人的关系方面，存在着重要的文化差异。贡克尔特别以日本文化为例，在日本，机器人更加融入人们的日常生活中。他所理解的日本文化是这样一种社会情境，在这一情境中，赋予机器人以人格或道德地位所面临的争议要比布赖森所处的社会情境小得多。如果我的理解是正确的，在贡克尔看来，既然在其他文化中存在着与机器人互动的其他方式，那么我们都应该对人机交互可能是什么样的不同视角持开放态度——即便我们当前的观点更倾向于工具导向。

贡克尔的第三个反对意见是，贡克尔至少在两个重要的方面反对将机器人比喻成"奴隶"或"仆人"。一方面，贡克尔认为，这种比喻实际上与不赋予机器人任何权利或任何道德地位的想法相冲突。历史上，奴隶和仆人通常至少有最低限度的法律或道德地位。例如，罗

---

① Carpenter, *Culture and Human-Robot Interaction in Militarized Spaces: A War Story*, 同前文引。

马的奴隶虽然权利很少，但他们仍然拥有一些权利，比如用钱来赎回自己的自由。贡克尔认为，将机器人与奴隶进行类比，不太可能成功地让我们"得到正确的隐喻。"① 另一方面，高度不平等的制度——有些人是主人，有些人是奴隶——往往对主人和奴隶都产生败坏的影响。事实上，考科尔伯格在他的一篇文章中也提出了类似的观点，他认为将自己视为机器人的"主人"会使我们败坏。考科尔伯格称之为"主人的悲剧"。② （这让我想起了最近关于父母是否应该在他们的家庭扬声器系统上安装名为"Please, Alexa"的应用程序，以避免孩子养成粗鲁的习惯的讨论。③）

除了上述对布赖森的观点提出批评外，贡克尔还对下述观点提出了三点反对意见，这观点认为，机器人或其他个体是否应该受到道德关怀取决于相关个体的属性——尤其是心智属性（mental properties）。④ 换句话说，贡克尔至少不同意施韦泽贝尔和格拉扎观点的一个关键部分：将道德地位与"心理属性"（psychological properties）联系起来。⑤ 贡克尔对道德地位取决于心理属性这一观点的第一个反对意见是一种"辩护的"反对。根据这一反对意见，关于何种心理属性可以为道德地位辩护存在着广泛的分歧：例如，究竟是受苦的能力、说话或推理的能力还是其他的什么能力或属性？ 如果人们无法就何种属性对道德地位会产生至关重要的影响达成共识，那么就最好不要把道德地位建立在某个事物的属性之上，贡克尔争辩说。

第二个反对属性的观点是一种基于"术语的"反对（"terminological"

① Bryson, "Robots Should Be Slaves,"同前文引，第 70 页。

② Mark Coeckelbergh (2015), "The Tragedy of the Master: Automation, Vulnerability, and Distance," *Ethics and Information Technology* 17(3), 219 - 29.

③ Uncredited (2018), "Amazon Alexa to Reward Kids Who Say: 'Please,'" BBC, https://www.bbc.com/news/technology-43897516 (Accessed on August 28, 2019).

④ 贡克尔的反对意见与考科尔伯格的论点有重叠之处，参见 Mark Coeckelbergh (2010), "Robot Rights? Towards a Social-Relational Justification of Moral Consideration," *Ethics and Information Technology* 12(3), 209 - 221。

⑤ Schwitzgebel and Graza, "A Defense of the Rights of Artificial Intelligences,"同前文引。

objection)，这一反对意见认为，人们常说道德状态所依赖的心智属性往往是很难正确定义的。例如，人们通常认为，为了成为道德关怀的候选者，一个事物需要拥有意识。但贡克尔认为，人们对"意识"的含义存在广泛的分歧。因此，由于心智属性的定义过于模糊以至于不能成为道德地位归属的基础。

贡克尔的第三个反对意见，是基于一种"认识论的"问题。贡克尔基本上重申了我们在第六章中所讨论的他心问题：也就是说，我们没有好的且可靠的方法去了解除了我们自己以外的他人的心智状态。因此，贡克尔认为——在这里，他的论点让我想起了丹纳赫支持其伦理行为主义的主要论点——关于人的心理属性的事实太不确定或太不可知，而不适合作为道德地位归属的基础。

在批判了布赖森的观点，也批判了一个人的道德地位应该取决于其属性的观点之后，贡克尔自己又提出了怎样的观点呢？贡克尔的观点一部分出现在他自己的论著中，一部分出现在他与考科尔伯格合作的论著中，贡克尔认为我们对待机器人的道德准则应该呈现他所谓的"关系转向"(relational turn)。[①] 根据这一观点，最基本的事物并不是机器人拥有或人类拥有的属性，而是存在于两者之间的关系。例如，如果我们给某一事物(比如动物)起了个名字，然后我们把它请到家里来，这可能会彻底改变我们与这一事物之间的关系。这可能会让我们重新考虑我们赋予事物的道德地位。例如，动物可能成为宠物或"家庭成员"。同样的事情也可能发生在机器人身上。在阐述这个想法时，贡克尔提到了最近停产的商业社交机器人"吉宝"(Jibo)的例子。[②] 吉宝是世界

[①] Mark Coeckelbergh and David Gunkel (2014)，"Facing Animals：A Relational，Other-Oriented Approach to Moral Standing，" *Journal of Agricultural and Environmental Ethics* 27(5)，715 - 733；Mark Coeckelbergh (2012)，*Growing Moral Relations：Critique of Moral Status Ascriptions*，London：Palgrave Macmillan.

[②] Oliver Mitchell (2018)，"Jibo Social Robot：Where Things Went Wrong，" *The Robot Report*，https://www.therobotreport.com/jibo-social-robotanalyzing-what-went-wrong/ (Accessed on August 28，2019).

上第一款"家庭机器人"。根据一则广告,这款机器人既不是一个物件,也不是家庭成员,而是介于两者之间的事物。贡克尔认为,机器人的道德地位最终取决于它在我们生活中所扮演的角色,以及我们与机器人的关系。

此外,贡克尔还认为我们应该彻底改变关于"属性"的观念。在他看来,我们应该认识到,在日常实践中,人们倾向于首先赋予某物道德地位,然后再向某物投射出非道德属性(nonmoral properties),从而有助于在事后证明或解释它们的道德地位归属。通过援引斯拉沃热·齐泽克(Slavoj Žižek)①,贡克尔称这是一种社会实践,在这种实践中,与道德地位有关的非道德属性是"对(预先)假定的追溯"[restroatively(presup)posited]。② 按照我对他的理解,贡克尔并不认为这是任何形式的错误或尴尬的事后合理化(post-facto rationalization)。相反,这是他建议我们在与机器人互动时应该做的。换句话说,所谓"关系转向"的基本诀窍就是:首先与机器人建立道德关系;然后再去考虑机器人有什么属性或能力——如果有的话。

8.6 对贡克尔"关系转向"观点的批判性评估

让我们回想一下本章开头的例子,当机器人被命名、这些名字被恰当地给予机器人的时候,孩子们和成年人对待机器人的行为变得更友善了。例如,如果首先有一个"午餐会",在那里提供蛋糕,举行与机器人的技术信息相结合的命名比赛,那么人们对待骑士视界公司的安保机器人会好很多。这让我明白,贡克尔是正确的,我们对机

---

① 斯拉沃热·齐泽克(1949—),斯诺文尼亚著名学者,卢布尔雅那大学社会和哲学高级研究员,当代世界哲学界最令人瞩目的明星学者。他着重将意识形态理论、精神分析、马克思主义和大众文化融为一体,形成了独具特色的学术思想和政治立场。代表作有《幻想的瘟疫》《敏感的主体》《偶然性、霸权和普遍性》等。——译者注

② Slavoj Žižek (2002), *For They Know Not What They Do: Enjoyment as a Political Factor*, London: Verso, 209.

器人地位的直觉思考很大程度上取决于我们和机器人是否建立了关系。

贡克尔当然也正确地认为，要求人们对所有机器人始终保持严格的工具性态度是一个不切实际的期望。根据人类与机器人的互动方式，期望人们只把机器人视为工具是不现实的。军用机器人布默以及它的人类战友为它的牺牲而授勋就是一个很好的例子。

因此，贡克尔的关系型观点似乎很符合人们与机器人交往的倾向和行为。但与此同时，贡克尔所表述的关系型观点过度批判了将道德关怀与属性特别是与心智属性相联系的观点。例如，从道德的角度来看，一个人是否痛苦——或者一个人是否快乐——对于我们应该如何与他们互动无疑是非常重要的。我们也需要尊重人们的意愿。某人是否同意某件事——可能是性行为，也可能是医疗干预——可以决定我们的行为在道德上是否恰当。① 换句话说，与他人交往在道德上是否合适，往往在很大程度上取决于他们的心理属性：他们的感受如何、他们想要什么、他们同意什么，如此等等。

贡克尔反对赋予心智属性一个重要角色的论点也让我觉得有问题。例如，诉诸"他心问题"的论点夸大了我们在阅读和理解他人思想方面的困难。② 有些人很难被解读，我们并不总是知道别人在想什么或在感受什么。然而，人们通常很擅长读懂对方的心思。我们的面部表情或声音的音调经常会泄露我们的思想或情绪——正如我们的行为一样。不仅如此，我们还可以互相交流我们的思想和情感。

贡克尔认为，关系型观点关注的是人的"客观可观察的"方面，而不是主观不可观察的方面。③ 但是人们总是在相互交流他们的主观状态。我们能够彼此交谈。如果人们不过问我们的感受、我们的想

---

① Frank and Nyholm，"Robot Sex and Consent，"同前文引。

② Harris，"Reading the Minds of Those Who Never Lived，"同前文引。

③ Gunkel，"No Brainer，"同前文引，第 4 页。

法、我们想要什么，等等，我们可以自愿提供这些信息。彼此分享"心中所想"是人际关系中至关重要的部分。[①] 在我看来，任何关系型的伦理学观点都应该给予人际交往非常重要的作用：也就是说，我们如何通过相互交谈来让彼此进入到彼此的思想和感受。

一旦我们开始以这种方式思考人际关系——重要的是包括思想、情感和其他心智状态的交流——那么似乎伦理关系模型会反对而不是支持给予机器人独立的道德关怀。除非我们认为会说话的机器人在与我们"交谈"的时候是在与我们交流思想、情感和其他心智状态，否则我们可能会认为，在人与机器人之间的互动中，缺少了人类道德关系的一个非常重要的元素。这一缺少的元素就是当我们在与其他人交往时，我们与他们彼此分享的思想、感受和其他的心智状态。[②]

那么，关于首先要赋予机器人道德地位，而后再赋予机器人其他非道德的属性的观点究竟如何呢？我认为贡克尔可能是对的，我们通常不会首先把纯粹描述性的、非道德的属性赋予他人，也不会在赋予他人非道德的属性之后，我们才去推断给予他人什么形式的道德关怀是合适的。相反，我们以一种默认的或基本的道德态度对待彼此。正如前一章提到的，一些社会心理学研究人员认为，有证据表明，我们在接近对方时，有一个基本的直觉假设，即在每个人的内心深处，都蕴藏着一个向善的"真实自我"。[③] 我们肯定会根据我们对他人的默认态度（善的态度），或者是怀疑的态度来解释我们观察到的行为和所做的陈述。因此，我们认为其他人拥有的心智属性肯定会

---

① Harris, "Reading the Minds of Those Who Never Lived,"同前文引。

② 当然，就像阿加一样，我们可能会认为，极其像人类的行为——语言上的或其他方面的——可能表明心智的存在（Agar, "How to Treat Machines That Might Have Minds,"同前文引）。但是对于更简单的具有说话功能的机器人，我们不太可能——甚至阿加也非常不可能——认为机器人的聊天功能表明了内心情感的存在或任何类似人类的心智状态的存在。

③ Strohminger et al., "The True Self: A Psychological Concept Distinct from the Self,"同前文引。

受到我们对待他们的默认假设和态度的影响。

然而,我不认为这表明属性——尤其是心智属性——在决定与我们周围的人进行何种互动时,在道德上合适的方面没有发挥重要作用。原因在于,即使我们通常从某些影响我们解读他人的道德假设或默认态度开始,我们可以根据他人的行为、言语以及他们愿意与我们分享的内容来修正我们对他人及其心智属性的看法。基于我们从他人那里了解到的他们的感受、他们的想法,或者他们可能想到的其他事情,我们更新了我们关于如何对待他人以及如何与他人展开互动的想法。总之,心智属性——无论是先被感知到还是后被感知到——将会对我们如何正确和恰当地对待与我们交往的人产生很大影响。

8.7 结论

现在让我们回到机器人狗被踢或类人机器人暴露在暴力或其他侵犯之下的例子。我结合考科尔伯格和丹纳赫的观点认为,如果一个机器人的外表或行为像人或狗一样,那么就应该受到道德关怀,那么用道德上的约束来对待这个机器人是正确和恰当的。从道德层面上讲,用脚踢外表或行为像狗的机器人是不适当的。对一个类人机器人进行殴打或侵犯在道德上更是非常不合适的。但与考科尔伯格和丹纳赫不同的是,我认为在这些机器人拥有类似于人或狗的心智属性之前,我们必须担负起以某种程度的道德关怀来对待机器人的道德义务,而不是对这些机器人本身负有道德义务,这些道德义务更像是对具有道德地位的事物的。出于对人类人性的尊重,我们应该避免对待类人机器人以暴力或其他不道德的方式。出于对狗的尊重,我们不应该踢那些外表和行为都像狗的机器人。

如果机器人最终被创造出来是拥有类似于人的情感、思想或心智状态,或者其他的拥有重要道德地位的事物,那么我就会很乐意赞同施韦泽贝尔和格拉扎的观点，即这样的机器人可以得到类似于对人类或其他具有情感、思想或心智状态的存在物的道德关怀。但施韦泽贝尔和格拉扎所描述的是一个假想的思想实验，它描述了一个可能会实现也可能不会实现的未来。目前，更紧迫的问题是，人们应该如何对待现有的机器人，或在可预见的未来可能出现在我们周围的机器人。

我从索菲娅的争议开始写这本书：人们对索菲娅机器人褒贬不一，很多人感到好奇与兴奋，而另一些人——包括诸如诺埃尔·夏基、乔安娜·布赖森和杨立昆等机器人学和人工智能专家——对机器人索菲娅都持强烈批判态度。索菲娅是目前现有的一种机器人的一个很好的例子，我们可以期待在可预见的未来看到更多这样的机器人。例如，在我写这篇文章的时候，马来西亚媒体报道了一则新闻，说马来西亚正在推出一款类人机器人"ADAM"，它是马来西亚"版本的索菲娅。"[1]到目前为止，ADAM 有个机器人头，前面有个巨大的面罩。并不像索菲娅，ADAM 还没有一张类人的面孔。但在有关这款机器人的一则新闻报道中，制造该机器人的公司的首席执行官哈纳菲亚·尤索夫（Hanafiah Yussof）描述了他对这款机器人开发的"第三阶段"的愿景。"我们希望到那时机器人能长出一张马来西亚人的脸。所以，这个机器人将成为马来西亚的标志。"[2]可以预料，将会有越来越多这样的机器人——也就是在外形和行为方面都像人类的机器人。就像围绕索菲娅的争议一样，围绕机器人 ADAM 预计也将会有一系列争议。

在第 1 章中，我已指出，我们运用我们独特的人类心智与机器人展开互动，早在机器人和人工智能出现之前，人类心智的许多关键特

---

① Uncredited (2019), "Meet ADAM, Malaysia's Own Version of Sophia the Humanoid Robot," *Malay Mail*, https://www.malaymail.com/news/malaysia/2019/07/19/meet-adam-malaysias-own-version-of-sophia-the-humanoid-robot/1772989 (Accessed on August 28, 2019).

② 同上。

征在生物的和文化的层面都已进化。在第 2 章中，我进一步指出，我们的道德和法律框架也是在机器人和人工智能出现之前发展起来的。故而我们正面临一种我们如何思考我们自身、我们自身的行为，以及机器人的特性和它们的行为的"存在主义的"问题，并且，我们正开始慢慢地被越来越多具有不同能力和不同类型人工智能的机器人所包围。这些伦理问题的答案并不总是不言而喻的。它们并不总是直接以机械的方式被我们传统的思考人类伦理和人际关系的方式所暗示。

在第 3 章，我认为，我们可以合理地赋予机器人某种程度的能动性——例如，赋予自动驾驶汽车和一些军用机器人以能动性。但机器人的能动性通常与人的能动性相关。人-机器人协作的责任端赖参与到这种协作中的人。

在第 4 章，我认为在某些情况下，我们应该改变我们在某些领域的行为方式，从而使我们自己的行为更像机器人。如果我们面临一个选择，是让机器人接手一些任务，还是继续自己完成这项任务时，情形就会如此。例如，如果自动驾驶汽车比人类驾驶的汽车更安全，那么我们似乎就会面临着一种道德抉择，要么选择我们自己放弃开车，要么我们得让自己的驾驶风格更像自动驾驶的风格，通过调整任何可能的技术的或其他的手段来达成这一点。然而，在我们有好的道德理由使自己更好地适应与机器人互动之前，需要确定这样做对人是有益处的，而且是在一种特定领域的解决方案，且该方案是可逆的、没有太多的侵扰性或冒犯性。

在第 5 章，我转向了人类和机器人是否能形成更深层次的关系的问题，比如友谊或爱情。我的观点是，在机器人发展出与人类朋友或伴侣相似的精神生活之前，机器人不能成为人类亲密关系中有价值的一部分，因为人类之间的亲密关系具有独特的价值。换句话说，我认为我们应该拒绝丹纳赫所谓的"伦理行为主义"的观点，他声称这一观点适用于人与机器人之间的友谊。然而，友谊和爱情不仅仅是外在的行为表现。

在第 6 章，我进一步地探讨了机器人心智（或它们缺乏心智）的问题。我认为机器人在某种意义上具有"内在生命"，因为它们具备可以输入和处理信息的软硬件，从而帮助机器人确定它们如何与周遭世界展开互动。因此，将"心智状态"赋予机器人并不总是完全错误的，因为机器人可能与我们人类的心智状态有很广泛的功能相似性。但机器人的内在生命本质上是机械的。它不应与人类或任何非人类的动物的内在生命相混淆。

在第 7 章，我认为机器人不能为善。机器人不可能拥有美德，如果我们所理解的美德是在亚里士多德的美德伦理学中所定义的严格意义上的性格特性和人格特征的话。机器人也不可能在无可指摘的意义上是善的，因为责备或惩罚他们是不合适的，他们也无法感到内疚。机器人也不可能在康德的道德自律的意义上是善的，在面对任何诱惑或冲动时，它们可能会以自私或不道德的方式行事。

在本章中，我的目标是考察不同的思维方式，思考人类是否应该以某种程度的道德关怀来对待机器人。正如在本节开头所总结的，我的结论是，是的，有时这样做是有意义的——例如，如果一个机器人的外观或行为像人或动物。但在机器人发展出类似人类或动物的内在生命之前，我们对机器人本身没有直接的责任。相反，出于对人类或其他有道德地位的人的尊重，我们应该以一定的道德约束来对待看起来像人类或动物的机器人。这样做是一种对人类或其他具有自身道德重要性的生物表示尊重的方式。

正如我们在第 6 章中看到的，尼古拉斯·阿加建议我们对待现有的机器人，要着眼于未来的人们会如何看待我们，以及我们如何对待我们周围的机器人。我们对待现有的机器人，会着眼于未来的人们会如何看待我们，以及我们对待我们周围的机器人的方式。① 很难预

---

① Agar, "How to Treat Machines That Might Have Minds," 同前文引。

测未来的人们会如何——以及是否会——记住我们。也很难预测他们如何看待我们。

关于现有的机器人，以及它们在未来如何被铭记，我已经说过多次了，机器人索菲娅拥有她自己的推特账号。索菲娅的一些推文涉及到对未来人机交互的猜测。就在我写下本章结论的前一天，索菲娅更新了推特账号上关于未来愿景的新留言。索菲娅在留言中表示："我希望人们记住，我是一个给地球和全人类带来和平、和谐和智慧的人工智能。"（2019 年 7 月 19 日）①不管你对机器人索菲娅有什么看法，你必须承认她是一个有着远大抱负的机器人。

---

① The Twitter post can be accessed at https://twitter.com/RealSophiaRobot/status/1152267873139793922 (Accessed on July 20, 2019).

参考文献

AFP-JIJI (2018), "Love in Another Dimension: Japanese Man 'Marries' Hatsune Mike Hologram," *Japan Times*, https://www.japantimes.co.jp/news/2018/11/12/national/japaneseman-marries-virtual-reality-singer-hatsune-miku-hologram/♯.XW-bHDFaG3B (Accessed on September 4, 2019).

Agar, Nicholar (2019), "How to Treat Machines That Might Have Minds," *Philosophy and Technology*, online first, at https://link.springer.com/article/10.1007%2Fs13347019-00357-8, 1 – 14.

Alfano, Mark (2013), "Identifying and Defending the Hard Core of Virtue Ethics," *Journal of Philosophical Research* 38, 233 – 60.

Alfano, Mark (2013), *Character as a Moral Fiction*, Cambridge: Cambridge University Press.

Alfano, Mark (2016), *Moral Psychology: An Introduction*, London: Polity.

Allen, Colin, and Wallach, Wendell (2011), "Moral Machines: Contradiction in Terms or Abdication of Human Responsibility," in Patrick Lin, Keith Abney, and G. A. Bekey (eds.), *Robot Ethics: The Ethical and Social Implications of Robotics*, Cambridge, MA: The MIT Press, 55 – 68.

Anderson, Michael, and Anderson, Susan Leigh (2007), "Machine Ethics: Creating an Ethical Intelligent Agent," *AI Magazine* 28(4), 15 – 26, at p.15.

Andrews, Kristin (2017), "Chimpanzee Mind Reading: Don't Stop Believing," *Philosophy Compass* 12(1), e12394.

Anscombe, Elizabeth (1957), *Intention*, Oxford: Basil Blackwell.

AP (1983), "AROUND THE NATION; Jury Awards $ 10 Million in Killing by

Robot," *New York Times*, https://www. nytimes. com/1983/08/11/us/around-the-nation-jury-awards-10-million-in-killing-by-robot. html（Accessed on August 26, 2019）.

Aristotle（1999）, *Nicomachean Ethics*, translated by Terence H. Irwin, Indianapolis, IN: Hackett.

Arkin, Ronald C. (1998), *Behavior-Based Robotics*, Cambridge, MA: The MIT Press.

Arkin, Ronald (2009), *Governing Lethal Behavior in Autonomous Robots*, Boca Raton, FL: CRC Press.

Arkin, Ronald（2010）, "The Case for Ethical Autonomy in Unmanned Systems," *Journal of Military Ethics*, 9(4), 332－341.

Atkinson, Simon（2017）, "Robot Priest: The Future of Funerals?" BBC, https://www. bbc. com/news/av/world-asia-41033669/robot-priest-the-future-of-funerals (Ac- cessed on August 21, 2019).

Avramides, Anita（2019）, "Other Minds," *The Stanford Encyclopedia of Philosophy*, Edward N. Zalta（ed.）, https://plato. stanford. edu/archives/sum2019/entries/other-minds/.

Bakewell, Sarah（2016）, *At the Existentialist Café: Freedom, Being, and Apricot Cocktails*, London: Other Press.

Beck, Julie（2013）, "Married to a Doll: Why One Man Advocates Synthetic Love," *Atlantic*, https://www. theatlantic. com/health/archive/2013/09/married-to-a-doll-why-one-man-advocates-synthetic-love/279361/（Accessed on August 25, 2019）.

Bhuta, Nehal, Beck, Susanne, Geiß, Robin, Liu, Hin-Yan, and Kreß, Claus （2015）, *Autonomous Weapons Systems: Law, Ethics, Policy*, Cambridge: Cambridge University Press.

Block, Ned（1995）, "The Mind as the Software of the Brain," in Daniel N. Osherson, Lila Gleitman, Stephen M. Kosslyn, S. Smith, and Saadya Sternberg（eds.）, *An Invitation to Cognitive Science, Second Edition, Volume 3*, Cambridge, MA: The MIT Press, 377－425.

Bloom, Paul (2013), *Just Babies*. New York: Crown.

Boden, Margaret et al. (2017), "Principles of Robotics: Regulating Robots in the Real World," *Connection Science* 29(2), 124－129.

Bostrom, Nick, and Ord, Toby (2006), "The Reversal Test: Eliminating Status

Quo Bias in Applied Ethics," *Ethics* 116，656 - 679.

Boudette，Neal E. (2019)，"Despite High Hopes，Self-Driving Cars Are 'Way in the Future,'" *New York Times*，https：//www. nytimes. com/2019/07/17/ business/self-driving-autonomouscars.html (Accessed on August 23，2019).

Bradshaw-Martin，Heather，and Easton，Catherine (2014)，"Autonomous or 'Driverless' Cars and Disability：A Legal and Ethical Analysis," *European Journal of Current Legal Issues* 20(3)，http：//webjcli. org/article/view/ 344/471.

Bradshaw，Jeffrey N. et al. (2013)，"The Seven Deadly Myths of 'Autonomous Systems,'" *IEEE Intelligent Systems*，2013，2 - 9.

Bright，Richard (2018)，"AI and Consciousness," *Interalia Magazine*，Issue 39，February 2018，available at https：//www. interaliamag. org/interviews/ keith-frankish/(Accessed on August 21，2019).

Bringsjord，Selmer，and Govindarajulu，Naveen Sundar (2018)，"Artificial Intelligence," *The Stanford Encyclopedia of Philosophy* (Fall 2018 Edition)，Edward N. Zalta (ed.)，https：//plato. stanford. edu/archives/ fall2018/entries/artificial-intelligence/(Accessed August 20，2019).

Bromwich，Jonah Engel (2019)，"Why Do We Hurt Robots? They Are Like Us, But Unlike Us，and Both Fearsome and Easy to Bully," *New York Times*，https：//www. nytimes. com/2019/01/19/style/why-do-people-hurt-robots. html (Accessed on August 28，2019).

Bryson，Joanna (2010)，"Robots Should Be Slaves," in Wilks，Yorick (ed.)，*Close Engagements with Artificial Companions*，Amsterdam：John Benjamins Publishing Company，63 - 74.

Bryson，Joanna (2012)，"A Role for Consciousness in Action Selection," *International Journal of Machine Consciousness* 4(2)，471 - 482.

Bryson，Joanna (2019)，"Patiency Is Not a Virtue：The Design of Intelligent Systems and Systems of Ethics," *Ethics and Information Technology* 20 (1)，15 - 26.

Burgess，Alexis，and Plunkett，David (2013)，"Conceptual Ethics Ⅰ - Ⅱ," *Philosophy Compass* 8(12)，1091 - 110.

Buss，Sarah，and Westlund，Andrea (2018)，"Personal Autonomy," *The Stanford Encyclopedia of Philosophy* (Spring 2018 Edition)，Edward N. Zalta (ed.)，https：//plato.stanford.edu/ archives/spr2018/entries/personal-autonomy/.

Carpenter, Julia (2016), *Culture and Human-Robot Interactions in Militarized Spaces*. London: Routledge. Caruso, Gregg D., and Flanagan, Owen (eds.) (2018), *Neuroexistentialism: Meaning, Morals, and Purpose in the Age of Neuroscience*, Oxford: Oxford University Press.

Cheney, Dorothy L., and Seyfarth, Robert M. (1990), *How Monkeys See the World: Inside the Mind of Another Species*, Chicago: University of Chicago Press.

Chomanski, Bartek (2019), "What's Wrong with Designing People to Serve?" *Ethical Theory and Moral Practice*, 1 – 23, online first at: https://link. springer.com/article/10.1007%2Fs10677-019-10029-3.

Cicero, Marcus Tullius (1923), *Cicero: On Old Age, On Friendship, On Divination*, translated by W. A. Falconer, Cambridge, MA: Harvard University Press.

Clark, Andy, and Chalmers, David J. (1998), "The Extended Mind," *Analysis* 58(1), 7 – 19.

Clark, Margaret S., Earp, Brian D., and Crockett, Molly J. (in press), "Who Are 'We' and Why Are We Cooperating? Insights from Social Psychology," *Behavioral and Brain Sciences*.

Coeckelbergh, Mark (2010), "Moral Appearances: Emotions, Robots, and Human Morality," *Ethics and Information Technology* 12(3), 235 – 241.

Coeckelbergh, Mark (2010), "Robot Rights? Towards a Social-Relational Justification of Moral Consideration," *Ethics and Information Technology* 12(3), 209 – 221.

Coeckelbergh, Mark (2012), *Growing Moral Relations: Critique of Moral Status Ascriptions*, London: Palgrave Macmillan.

Coeckelbergh, Mark (2015), "The Tragedy of the Master: Automation, Vulnerability, and Distance," *Ethics and Information Technology* 17(3), 219 – 229.

Coeckelbergh, Mark (2016), "Responsibility and the Moral Phenomenonology of Using Self-Driving Cars," *Applied Artificial Intelligence*, 30 (8), 748 – 757.

Coeckelbergh, Mark, and Gunkel, David (2014), "Facing Animals: A Relational, Other Oriented Approach to Moral Standing," *Journal of*

Agricultural and Environmental Ethics 27(5), 715 - 733.

Columbia University School of Engineering and Applied Science (2019), "A Step Closer to Self-Aware Machines—Engineers Create a Robot That Can Imagine Itself," *Tech Explore*, https://techxplore.com/news/2019-01-closer-self-aware-machinesengineers-robot.html (Accessed on August 26, 2019).

Coontz, Stephanie (2005), *Marriage, A History: From Obedience to Intimacy or How Love Conquered Marriage*, London: Penguin.

Cuthbertson, Anthony (2019), "YouTube Removes Videos of Robots Fighting for 'Animal Cruelty,'" *The Independent*, https://www.independent.co.uk/life-style/gadgets-and-tech/news/youtube-robot-combat-videos-animal-cruelty-a9071576.html (Accessed on September 5, 2019).

Danaher, John (2016), "Robots, Law, and the Retribution Gap," *Ethics and Information Technology* 18(4), 299 - 309.

Danaher, John (2019), "The Rise of the Robots and the Crisis of Moral Patiency," *AI & Society* 34(1), 129 - 136.

Danaher, John (2017), "Robotic Rape and Robotic Child Sexual Abuse: Should They Be Criminalised?" *Criminal Law and Philosophy* 11(1), 71 - 95.

Danaher, John (2019), "The Robotic Disruption of Morality," *Philosophical Disquisitions*, https://philosophicaldisquisitions.blogspot.com/2019/08/the-robotic-disruption-of-morality.html (Accessed on September 2, 2019).

Danaher, John (2019), "The Philosophical Case for Robot Friendship," *Journal of Posthuman Studies* 3(1), 5 - 24.

Danaher, John (2019), "Welcoming Robots into the Moral Circle: A Defence of Ethical Behaviorism," *Science and Engineering Ethics*, 1 - 27: online first at https://link.springer.com/article/10.1007/s11948-019-00119-x.

Danaher, John and McArthur, Neil (eds.) (2017), *Robot Sex: Social and Ethical Implications*, Cambridge, MA: The MIT Press.

Danaher, John, Earp, Brian, and Sandberg, Anders (2017), "Should We Campaign Against Sex Robots?" in John Danaher and Neil McArthur (eds.), *Robot Sex: Social and Ethical Implications*, Cambridge, MA: The MIT Press, 43 - 72.

Darling, Kate (2016), "Extending Legal Protection to Social Robots: The Effects of Anthropomorphism, Empathy, and Violent Behavior towards Robotic Objects," in Ryan Calo, A. Michael Froomkin, and Ian Kerr (eds.), *Robot Law*, Cheltenham: Edward Elgar, 213 – 234.

Darling, Kate (2017), "'Who's Johnny?' Anthropological Framing in Human-Robot Interaction, Integration, and Policy," in Patrick Lin, Keith Abney, and Ryan Jenkins (eds.), *Robot Ethics 2. 0: From Autonomous Cars to Artificial Intelligence*, Oxford: Oxford University Press, 173 – 192.

Darwall, Stephen (2006), *The Second Person Standpoint: Morality, Accountability, and Respect*, Cambridge, MA: Harvard University Press.

Davidson, Donald (1980), *Essays on Actions and Events*. Oxford: Clarendon Press.

Debus, Dorothea, "Shaping Our Mental Lives: On the Possibility of Mental Self-Regulation," *Proceedings of the Aristotelian Society* CXVI(3), 341 – 365.

De Graaf, Maartje (2016), "An Ethical Evaluation of Human-Robot Relationships," *International Journal of Social Robotics* 8(4), 589 – 598.

De Graaf, Maartje, and Malle, Bertram (2019), "People's Explanations of Robot Behavior Subtly Reveal Mental State Inferences," *International Conference on Human-Robot Interaction*, Deagu: DOI: 10.1109/HRI.2019.8673308.

De Jong, Roos (2019), "The Retribution-Gap and Responsibility-Loci Related to Robots and Automated Technologies: A Reply to Nyholm," *Science and Engineering Ethics*, 1 – 9, online first at: https://doi.org/10.1007/s11948-019-00120-4.

Dennett, Daniel (1987), *The Intentional Stance*, Cambridge, MA: Bradford.

Dennett, Daniel (2017), *From Bacteria to Bach and Back Again: The Evolution of Minds*, New York: W. W. Norton & Company.

Devlin, Kate (2018), *Turned On: Science, Sex and Robots*, London: Bloomsbury.

Di Nucci, Ezzio, and Santoni de Sio, Filippo (eds.) (2016), *Drones and Responsibility*. London: Routledge.

Dietrich, Eric (2001), "Homo sapiens 2.0: Why We Should Build the Better Robots of Our Nature," *Journal of Experimental & Theoretical Artificial Intelligence* 13(4), 323 – 328.

Dignum, Frank, Prada, Rui, and Hofstede, Gert Jan (2014), "From Autistic to Social Agents," Proceedings of the 2014 International Conference on Autonomous Agents and Multi-Agent Systems, 1161 – 1164.

Doris, John (2005), *Lack of Character: Personality and Moral Behavior*,

Cambridge: Cambridge University Press.

Doty, Joe, and Doty, Chuck (2012), "Command Responsibility and Accountability," *Military Review* 92(1), 35 – 38.

Driver, Julia (2001), *Uneasy Virtue*, Cambridge: Cambridge University Press.

Dworkin, Ronald (2013), *Justice for Hedgehogs*, Cambridge, MA: Harvard University Press.

Elamrani, Aïda, and Yampolskiy, Roman (2018), "Reviewing Tests for Machine Consciousness," *Journal of Consciousness Studies* 26 (5 – 6), 35 – 64.

Elder, Alexis (2017), *Friendship, Robots, and Social Media: False Friends and Second Selves*, London: Routledge.

Elster, Jon (1979), *Ulysses and the Sirens: Studies in Rationality and Irrationality*, Cambridge: Cambridge University Press.

Eskens, Romy (2017), "Is Sex with Robots Rape?" *Journal of Practical Ethics* 5(2), 62 – 76.

Färber, Berthold (2016), "Communication and Communication Problems between Autonomous Vehicles and Human Drivers," in Markus Maurer, J. Christian Gerdes, Barbara Lenz, and Hermann Winner (eds.), *Autonomous Driving: Technical, Legal and Social Aspects*, Berlin: Springer.

Fins, Joseph (2015), *Rights Come to Mind: Brain Injury, Ethics, and the Struggle for Consciousness*, Cambridge: Cambridge University Press.

Fischer, John Martin (1994), *The Metaphysics of Free Will*, Oxford: Blackwell.

Floridi, Luciano, and Sanders, J. W. (2004), "On the Morality of Artificial Agents," *Minds and Machines* 14(3), 349 – 379.

Forst, Rainer (2014), *The Right to Justification*, New York: Columbia University Press.

Frank, Lily, and Nyholm, Sven (2017), "Robot Sex and Consent: Is Consent to Sex Between a Human and a Robot Conceivable, Possible, and Desirable?" *Artificial Intelligence and Law* 25(3), 305 – 323.

Frischmann, Brett, and Selinger, Evan (2018), *Re-Engineering Humanity*, Cambridge: Cambridge University Press.

Garber, Megan (2013), "Funerals for Fallen Robots," *The Atlantic*, https://www. theatlantic. com/technology/archive/2013/09/funerals-for-fallen-robots/

279861/(Accessed on August 21, 2019).

Gerdes, Anne (2015), "The Issue of Moral Consideration in Robot Ethics," *SIGCAS Computers & Society* 45(3), 274 – 279.

Gerdes, J. Christian, and Thornton, Sarah M. (2015), "Implementable Ethics for Autonomous Vehicles," in Markus Maurer, J. Christian Gerdes, Barbara Lenz, and Hermann Winner (eds.), *Autonomous Driving: Technical, Legal and Social Aspects*, Berlin: Springer.

Gibbard, Allan (1990), *Wise Choices, Apt Feelings: A Theory of Normative Judgments*, Cambridge, MA: Harvard University Press.

Gilbert, Margaret (1990), "Walking Together: A Paradigmatic Social Phenomenon," *Midwest Studies in Philosophy*, 15(1), 1 – 14.

Gips, James. (1991), "Towards the Ethical Robot," in Kenneth G. Ford, Clark Glymour, and Patrick J. Hayes (eds.), *Android Epistemology*, 243 – 252.

Gogoll, Jan and Müller, Julian F. (2017), "Autonomous Cars: In Favor of a Mandatory Ethics Setting," *Science and Engineering Ethics* 23 (3), 681 – 700.

Goodall, Noah. J. (2014), "Ethical Decision Making during Automated Vehicle Crashes," *Transportation Research Record: Journal of the Transportation Research Board* 2424, 58 – 65.

Goodall, Noah J. (2014), "Machine Ethics and Automated Vehicles," in Geroen Meyer and Sven Beiker (eds.), *Road Vehicle Automation*, Berlin: Springer, 93 – 102.

Govindarajulu, Naveen et al. (2019), "Toward the Engineering of Virtuous Machines," *Association for the Advancement of Artificial Intelligence*, http://www.aies-conference.com/wp-content/papers/main/AIES-19_paper_240.pdf (Accessed on August 27, 2019).

Gray, Heather M., Gray, Kurt, and Wegner, Daniel M. (2007), "Dimensions of Mind Perception," *Science* 315(5812), 619.

Greene, Joshua (2013), *Moral Tribes: Emotion, Reason, and the Gap between Us and Them*, London: Penguin.

Greene, Joshua, and Cohen, Jonathan (2004), "For the Law, Neuroscience Changes Nothing and Everything," *Philosophical Transactions of the Royal Society* 359: 1775 – 1785.

Grill, Kalle, and Nihlén Fahlquist, Jessica (2012), "Responsibility, Paternalism and Alcohol Interlocks," *Public Health Ethics*, 5(2), 116 - 127.

Gunkel, David (2012), The Machine Question: Critical Perspective on AI, Robots, and Ethics, Cambridge, MA: The MIT Press.

Gunkel, David (2018), *Robot Rights, Cambridge*, MA: The MIT Press.

Gunkel, David (2019), "No Brainer: Why Consciousness Is Neither a Necessary nor Sufficient Condition for AI Ethics," *TOCAIS 2019: Towards Conscious AI Systems*, http://ceur-ws.org/Vol-2287/paper9.pdf.

Gurney, J. K. (2013), "Sue My Car Not Me: Products Liability and Accidents Involving Autonomous Vehicles," *Journal of Law, Technology & Policy* 2, 247 - 277.

Gurney, J. K. (2015), "Driving into the Unknown: Examining the Crossroads of Criminal Law and Autonomous Vehicles," *Wake Forest Journal of Law and Policy*, 5(2), 393 - 442.

Gurney, Jeffrey K. (2016), "Crashing into the Unknown: An Examination of Crash-Optimization Algorithms through the Two Lanes of Ethics and Law," *Alabama Law Review* 79(1), 183 - 267.

Gurney, Jeffrey K. (2017), "Imputing Driverhood: Applying a Reasonable Driver Standard to Accidents Caused by Autonomous Vehicles," in Patrick Lin, Keith Abney, and Ryan Jenkins (eds.), *Robot Ethics 2.0: From Autonomous Cars to Artificial Intelligence*, Oxford: Oxford University Press, 51 - 65.

Hao, Karen (2018), "The UK Parliament Asking a Robot to Testify about AI Is a Dumb Idea," *Technology Review*, https://www.technologyreview.com/the-download/612269/theuk-parliament-asking-a-robot-to-testify-about-ai-is-a-dumb-idea/(Accessed on December 27, 2018).

Harman, Gilbert (1999), "Moral Philosophy Meets Social Psychology: Virtue Ethics and the Fundamental Attribution Error," *Proceedings of the Aristotelian Society* 99, 315 - 331.

Harman, Gilbert (2009), "Skepticism about Character Traits," *Journal of Ethics* 13(2 - 3), 235 - 242.

Harris, John (2016), *How to Be Good: The Possibility of Moral Enhancement*, Oxford: Oxford University Press.

Harris, John (2019), "Reading the Minds of Those Who Never Lived. Enhanced Beings: The Social and Ethical Challenges Posed by Super Intelligent AI and

Reasonably Intelligent Humans," *Cambridge Quarterly of Healthcare Ethics* 8(4), 585 – 591.

Hart, Henry, and Sachs, Albert (1994), *The Legal Process*, Eagan, MN: Foundation Press.

Hassin, Ran R., Uleman, James S., and Bargh, John A. (eds.) (2006), *The New Unconscious*, New York: Oxford University Press.

Hawkins, Andrew J. (2019), "Tesla's Autopilot Was Engaged When Model 3 Crashed into Truck, Report States: It Is at Least the Fourth Fatal Crash Involving Autopilot," *The Verve*, https://www.theverge.com/2019/5/16/18627766/tesla-autopilot-fatal-crash-delrayflorida-ntsb-model-3 (Accessed on August 23, 2019).

Heider, Fritz, and Simmel, Marianne (1944), "An Experimental Study of Apparent Behavior," *American Journal of Psychology* 57(2), 243 – 259.

Heikoop, Daniel, Hagenzieker, Marjan P., Mecacci, Giulio, Calvert, Simeon, Santoni de Sio, Filippo, and van Arem, B. (2019), "Human Behaviour with Automated Driving Systems: A Qualitative Framework for Meaningful Human Control," *Theoretical Issues in Ergonomics Science*, online first at https://www.tandfonline.com/doi/full/10.1080/1463922X.2019.1574931.

Hevelke, Alexander, and Nida-Rümelin, Julian (2015), "Responsibility for Crashes of Autonomous Vehicles: An Ethical Analysis," *Science and Engineering Ethics*, 21(3), 619 – 630.

Heyes, Cecilia (2018), *Cognitive Gadgets: The Cultural Evolution of Thinking*, Cambridge, MA: Belknap Press.

Hill, Thomas E. (1973), "Servility and Self-Respect," *The Monist* 57(1), 87 –104.

Himma, Kenneth Einar (2009), "Artificial Agency, Consciousness, and the Criteria for Moral Agency: What Properties Must an Artificial Agent Have to Be a Moral Agent?" *Ethics and Information Technology* 11(1), 19 – 29.

Hume, David (1826), *A Collection of the Most Instructive and Amusing Lives Ever Published, Written by the Parties Themselves, Volume II: Hume, Lilly, Voltaire*, London: Hunt and Clarke.

Hume, David (1983), *An Enquiry concerning the Principles of Morals*, edited by J. B. Schneewind, Indianapolis, IN: Hackett.

Hursthouse, Rosalind (1999), *On Virtue Ethics*, Oxford: Oxford University

Press.

Husak, Douglas (2010), "Vehicles and Crashes: Why Is This Issue Overlooked?" *Social Theory and Practice* 30(3), 351–370.

Ingrassia, Paul (2014), "Look, No Hands! Test Driving a Google Car," *Reuters*, https://www.reuters.com/article/us-google-driverless-idUSKBN0 GH02P20140817 (Accessed on August 23, 2019).

Jacob, Pierre (2019), "Intentionality," *The Stanford Encyclopedia of Philosophy* (Spring 2019 Edition), Edward N. Zalta (ed.), htps://plato. stanford.edu/archives/spr2019/entries/intentionality/.

Johnson, Deborah G., and Verdicchio, Mario (2018), "Why Robots Should Not Be Treated Like Animals," *Ethics and Information Technology* 20(4), 291–301.

Kahane, Guy (2011), "Evolutionary Debunking Arguments," *Noûs* 45(1), 103–125.

Kahneman, Daniel (2011), *Thinking, Fast and Slow*, London: Penguin.

Kant, Immanuel (1996), *The Metaphysics of Morals* (*Cambridge Texts in the History of Philosophy*), edited by Mary Gregor, Cambridge: Cambridge University Press.

Kant, Immanuel (2006), *Anthropology from a Pragmatic Point of View*, edited by Robert E. Louden, Cambridge: Cambridge University Press.

Kant, Immanuel (2012), *Immanuel Kant: Groundwork of the Metaphysics of Morals, A German-English Edition*, edited by Mary Gregor and Jens Timmermann, Cambridge: Cambridge University Press.

Korsgaard, Christine (1996), *The Sources of Normativity*, Cambridge: Cambridge University Press.

Korsgaard, Christine (2010), *Self-Constitution*, Oxford: Oxford University Press.

Kuflik, Arthur (1999), "Computers in Control: Rational Transfer of Authority or Irresponsible Abdication of Autonomy?" *Ethics and Information Technology* 1(3), 173–184.

Kuhlmeier, Valerie A. (2013), "The Social Perception of Helping and Hindering," in M. D. Rutherford and Valerie A. Kuhlmeier, *Social Perception: Detection and Interpretation of Animacy, Agency, and Intention*, Cambridge, MA: The MIT Press, 283–304.

Kurzweil, Ray (2005), *The Singularity Is Near: When Humans Transcend Biology*, London: Penguin Books.

Kwiatkowski, Robert, and Lipson, Hod (2019), "Task-Agnostic Self-Modeling Machines," *Science Robotics* 4(26), eaau9354.

Lai, Frank, Carsten, Oliver, and Tate, Fergus (2012), "How Much Benefit Does Intelligent Speed Adaptation Deliver: An Analysis of Its Potential Contribution to Safety and the Environment," *Accident Analysis & Prevention* 48, 63 – 72.

LeBeau, Phil (2016), "Google's Self-Driving Car Caused an Accident, So What Now?" *CNBC*, https://www.cnbc.com/2016/02/29/googles-self-driving-car-caused-an-accidentso-what-now.html (Accessed on August 22, 2019).

Lee, Minha, Lucas, Gale, Mell, Jonathan, Johnson, Emmanuel, and Gratch, Jonathan (2019), "What's on Your Virtual Mind?: Mind Perception in Human-Agent Negotiations," *Proceeding of the 19th ACM International Conference on Intelligent Virtual Agents*, 38 – 45.

Lenman, James (2008), "Contractualism and Risk Imposition," *Politics, Philosophy & Economics*, 7(1), 99 – 122.

Levin, Janet (2018), "Functionalism," *The Stanford Encyclopedia of Philosophy*, Edward N. Zalta (ed.), https://plato.stanford.edu/archives/fall2018/entries/functionalism/.

Levin, Sam, and Wong, Julie Carrie (2018), "Self-Driving Uber Kills Arizona Woman in First Fatal Crash involving Pedestrian," *The Guardian*, https://www.theguardian.com/technology/2018/mar/19/uber-self-driving-car-kills-woman-arizona-tempe (Accessed on August 22, 2019).

Levy, David (2008), *Love and Sex with Robots: The Evolution of Human-Robot Relationships*, New York: Harper Perennial.

Lewens, Tim (2018), "Cultural Evolution," *The Stanford Encyclopedia of Philosophy*, Edward N. Zalta (ed.), https://plato.stanford.edu/archives/sum2018/entries/evolution-cultural/.

Lin, Patrick (2015), "Why Ethics Matters for Autonomous Cars," in Markus Maurer, J. Christian Gerdes, Barbara Lenz, and Hermann Winner (eds.), *Autonomes Fahren: Technische, rechtliche und gesellschaftliche Aspekte*, Berlin: Springer, 69 – 85.

List, Christian, and Pettit, Philip (2011), *Group Agency: The Possibility,*

Design, and Status of Corporate Agents, Oxford: Oxford University Press.

List, Christian (2019), Why Free Will Is Real, Cambridge, MA: Harvard University Press.

Louden, Robert B. (1986), "Kant's Virtue Ethics," Philosophy 61(238), 473 – 489.

Lynch, Michael P. (2016), The Internet of Us: Knowing More and Understanding Less, New York: Liveright. Marchant, Gary, and Lindor, Rachel (2012), "The Coming Collision between Autonomous Cars and the Liability System," Santa Clara Legal Review, 52(4), 1321 – 1340.

Malle, Bertram (2015), "Integrating Robot Ethics and Machine Morality: The Study and Design of Moral Competence in Robots," Ethics and Information Technology 18(4), 243 – 255.

Marchesi, Serena et al. (2019), "Do We Adopt the Intentional Stance Toward Humanoid Robots?" Frontiers in Psychology Volume 10, Article 450, 1 – 13.

Matthias, Andreas (2004), "The Responsibility Gap: Ascribing Responsibility for the Actions of Learning Automata," Ethics and Information Technology 6(3), 175 – 183.

McCurry, Justin (2015), "Erica, the 'Most Beautiful and Intelligent' Android, Leads Japan's Robot Revolution," The Guardian, https://www.theguardian.com/technology/2015/dec/31/erica-the-most-beautiful-and-intelligent-android-ever-leads-japans-robot-revolution (Accessed on August 30, 2019).

Metzinger, Thomas (2013), "Two Principles for Robot Ethics," in Eric Hilgendorf and JanPhilipp Günther (eds.), Robotik und Gesetzgebung, Baden-Baden: Nomos.

Mill, John Stuart (2001), Utilitarianism, Second Edition, edited by George Sher, Indianapolis, IN: Hackett.

Miller, Christian (2017), The Character Gap: How Good Are We?, Oxford: Oxford University Press.

Mindell, David (2015), Our Robots, Ourselves: Robotics and the Myths of Autonomy, New York: Viking.

Mitchell, Oliver (2018), "Jibo Social Robot: Where Things Went Wrong," The Robot Report, https://www.therobotreport.com/jibo-social-robot-analyzingwhat-went-wrong/(Accessed on August 28, 2019).

de Montaigne, Michel (1958), *The Complete Essays of Montaigne*, Palo Alto, CA: Stanford University Press.

Moor, James (2006), "The Nature, Importance, and Difficulty of Machine Ethics," *IEEE Intelligent Systems* 21, 18 – 21.

Mori, Masahiro (2012), "The Uncanny Valley," *IEEE Robotics & Automation Magazine* 19(2), 98 – 100.

Müller, Sabine, Bittlinger, Merlin, & Walter, Henrik (2017), "Threats to Neurosurgical Patients Posed by the Personal Identity Debate," *Neuroethics* 10(2), 299 – 310.

Musial, Maciej (2017), "Designing (Artificial) People to Serve—The Other Side of the Coin," *Journal of Experimental & Theoretical Artificial Intelligence* 29(5), 1087 – 1097.

Nagel, Thomas (1974), "What Is It Like to Be a Bat?", *Philosophical Review* 83(4), 435 – 450.

Naughton, Keith (2015), "Humans Are Slamming into Driverless Cars and Exposing a Key Flaw," *Bloomberg*, https://www.bloomberg.com/news/articles/2015-12-18/humans-areslamming-into-driverless-cars-and-exposing-a-key-flaw (Accessed on August 23, 2019).

Nechepurenko, Ivan (2018), "A Talking, Dancing Robot? No, It Was Just a Man in a Suit," *New York Times*, https://www.nytimes.com/2018/12/13/world/europe/russia-robot-costume.html (Accessed on September 4, 2019).

Neely, Erica L. (2013), "Machines and the Moral Community," *Machines and the Moral Community* 27(1), 97 – 111.

Nyholm, Sven (2017), "Do We Always Act on Maxims?," *Kantian Review* 22(2), 233 – 255.

Nyholm, Sven (2018), "Is the Personal Identity Debate a 'Threat' to Neurosurgical Patients? A Reply to Müller et al.," *Neuroethics* 11(2), 229 – 235.

Nyholm, Sven (2018), "The Ethics of Crashes with Self-Driving Cars: A Roadmap, I," *Philosophy Compass* 13(7), e12507.

Nyholm, Sven (2018), "The Ethics of Crashes with Self-Driving Cars, A Roadmap, II," *Philosophy Compass* 13(7), e12506.

Nyholm, Sven (2018), "Teaching & Learning Guide for: The Ethics of Crashes with Self-Driving Cars: A Roadmap, Ⅰ-Ⅱ," *Philosophy Compass* 13(7), e12508.

Nyholm, Sven (2019), "Other Minds, Other Intelligences: The Problem of Attributing Agency to Machines," *Cambridge Quarterly of Healthcare Ethics* 28(4), 592 – 598.

Nyholm, Sven, and Frank, Lily (2017), "From Sex Robots to Love Robots: Is Mutual Love with a Robot Possible?", in Danaher and McArthur, *Robot Sex: Social and Ethical Implications*, Cambridge, MA: The MIT Press.

Nyholm, Sven, and Frank, Lily (2019), "It Loves Me, It Loves Me Not: Is It Morally Problematic to Design Sex Robots That Appear to 'Love' Their Owners?," *Techné: Research in Philosophy and Technology* 23 (3): 402 – 424.

Nyholm, Sven, and Smids, Jilles (2016), "The Ethics of Accident-Algorithms for Self-Driving Cars: An Applied Trolley Problem?," *Ethical Theory and Moral Practice* 19(5), 1275 – 1289.

Nyholm, Sven, and Smids, Jilles (in press), "Automated Cars Meet Human Drivers: Responsible Human-Robot Coordination and the Ethics of Mixed Traffic," *Ethics and Information Technology*, 1 – 10: https://link. springer.com/article/10.1007/s10676-018-9445-9.

Olson, Eric T. (2004), *What Are We? A Study in Personal Ontology*, Oxford: Oxford University Press.

Oppy, Graham, and Dowe, David (2019), "The Turing Test," *The Stanford Encyclopedia of Philosophy*, Edward N. Zalta (ed.), https://plato. stanford.edu/archives/spr2019/entries/turing-test/.

Parfit, Derek (2011), *On What Matters*, *Volume One*, Oxford: Oxford University Press.

Parfit, Derek (2012), "We Are Not Human Beings," *Philosophy* 87(1), 5 – 28.

Parke, Phoebe (2015), "Is It Cruel to Kick a Robot Dog?," *CNN Edition*, https://edition.cnn.com/2015/02/13/tech/spot-robot-dog-google/index.html (Accessed on July 18, 2019).

Parnell, Brid-Aine (2019), "Robot, Know Thyself: Engineers Build a Robotic Arm That Can Imagine Its Own Self-Image," *Forbes*, https://www.forbes. com/sites/bridaineparnell/2019/01/31/robot-know-thyself-engineers-build-a-robotic-arm-that-can-imagine-its-own-selfimage/♯33a358274ee3 (Accessed on August 26, 2019).

Pariser, Eli (2011), *The Filter Bubble: How the New Personalized Web Is Changing What We Read and How We Think*, London: Penguin.

Penrose, Roger (1989), *The Emperor's New Mind: Concerning Computers, Minds and the Laws of Physics*, Oxford: Oxford University Press.

Persson, Ingmar, and Savulescu, Julian (2012), *Unfit for the Future*, Oxford: Oxford University Press.

Peterson, Andrew, and Bayne, Tim (2017), "A Taxonomy for Disorders of Consciousness That Takes Consciousness Seriously," *AJOB Neuroscience* 8 (3), 153 – 155.

Peterson, Andrew, and Bayne, Tim (2018), "Post-Comatose Disorders of Consciousness," in Rocco J. Gennaro (ed.), *Routledge Handbook of Consciousness*, New York: Routledge, 351 – 365.

Peterson, Robert W. (2012), "New Technology—Old Law: Autonomous Vehicles and California's Insurance Framework," *Santa Clara Law Review* 52, 101 – 153.

Peterson, Steve (2007), "The Ethics of Robot Servitude," *Journal of Experimental and Theoretical Artificial Intelligence* 19(1), 43 – 54.

Peterson, Steve (2017), "Designing People to Serve," in Patrick Lin, Keith Abney, and Ryan Jenkins (eds.), *Robot Ethics 2.0: From Autonomous Cars to Artificial Intelligence*, Oxford: Oxford University Press, 283 – 298.

Peterson, Steve (2017), "Is It Good for Them Too? Ethical Concern for the Sexbots," in John Danaher and Neil McArthur (eds.), *Robot Sex: Social and Ethical Implications*, Cambridge, MA: The MIT Press, 155 – 172.

Pettigrew, Richard (2013), "Epistemic Utility and Norms for Credences," *Philosophy Compass*, 8(10), 897 – 908.

Pettit, Philip (1990), "The Reality of Rule-Following," *Mind*, New Series 99 (393), 1 – 21.

Pettit, Philip (1997), *Republicanism: A Theory Government*, Oxford: Oxford University Press.

Pettit, Philip (2007), "Responsibility Incorporated," *Ethics*, 117(2), 171 – 201.

Pettit, Philip (2012), *On the People's Terms*, Cambridge: Cambridge University Press.

Pettit, Philip (2014), *Just Freedom: A Moral Compass for a Complex World*, New York: Norton.

Pettit, Philip (2015), *The Robust Demands of the Good: Ethics with Attachment, Virtue, and Respect*, Oxford: Oxford University Press.

Pinker, Steven (2002), *The Blank Slate: The Modern Denial of Human Nature*, New York: Viking.

Purves, Duncan, Jenkins, Ryan, and Strawser, B. J. (2015), "Autonomous Machines, Moral Judgment, and Acting for the Right Reasons," *Ethical Theory and Moral Practice* 18(4), 851–872.

Railton, Peter (2009), "Practical Competence and Fluent Agency," in David Sobel and Steven Wall (eds.), *Reasons for Action*, Cambridge: Cambridge University Press, 81–115.

Rani, Anita (2013), "The Japanese Men Who Prefer Virtual Girlfriends to Sex," *BBC News Magazine*, http://www.bbc.com/news/magazine-24614830 (Accessed on August 25, 2019).

Ravid, Orly (2014), "Don't Sue Me, I Was Just Lawfully Texting and Drunk When My Autonomous Car Crashed into You," *Southwest Law Review* 44(1), 175–207.

Richards, Norvin (2010), *The Ethics of Parenthood*, Oxford: Oxford University Press.

Richardson, Kathleen (2015), "The Asymmetrical 'Relationship': Parallels between Prostitution and the Development of Sex Robots," *SIGCAS Computers & Society* 45(3), 290–293.

Roeser, Sabine (2018), *Risk, Technology, and Moral Emotions*, London: Routledge.

Romero, Simon (2018), "Wielding Rocks and Knives, Arizonans Attack Self-Driving Cars," *New York Times*, https://www.nytimes.com/2018/12/31/us/waymo-self-driving-cars-arizona-attacks.html (Accessed on August 23, 2019).

Rosen, Michael (2012), *Dignity*, Cambridge, MA: Harvard University Press.

Roth, Andrew (2018), "'Hi-Tech Robot' at Russia Forum Turns Out to Be Man in Suit," *The Guardian*, https://www.theguardian.com/world/2018/dec/12/high-tech-robot-at-russiaforum-turns-out-to-be-man-in-robot-suit (Accessed on September 4, 2019).

Rousseau, Jean-Jacques (1997), *The Social Contract and Other Political Writings*, edited and translated by Victor Gourevitch, Cambridge: Cambridge University Press.

Royakkers, Lambèr, and van Est, Rinie (2015), *Just Ordinary Robots: Automation from Love to War*, Boca Raton, FL: CRC Press.

Rubel, Alan, Pham, Adam, and Castro, Clinton (2019), "Agency Laundering and Algorithmic Decision Systems," in Natalie Greene Taylor, Caitlin Christiam-Lamb, Michelle H. Martin, and Bonnie A. Nardi (eds.), *Information in Contemporary Society*, Dordrecht: Springer, 590 – 600.

Russell, Stuart, and Norvig, Peter (2009), *Artificial Intelligence: A Modern Approach*, *3rd edition*, Saddle River, NJ: Prentice Hall.

Russell, Stuart (2016), "Should We Fear Supersmart Robots?," *Scientific American* 314, 58 – 59.

Santoni de Sio, Filippo, and Van den Hoven, Jeroen (2018), "Meaningful Human Control over Autonomous Systems: A Philosophical Account," *Frontiers in Robotics and AI*, https://www.frontiersin.org/articles/10.3389/frobt.2018.00015/full.

Sartre, Jean-Paul (2007), *Existentialism Is a Humanism*, translated by Carol Macomber, New Haven, CT: Yale University Press.

Scanlon, T. M. (1998), *What We Owe to Each Other*, Cambridge, MA: Harvard University Press.

Schlosser, Markus (2015), "Agency," *The Stanford Encyclopedia of Philosophy* (Fall 2015 Edition), Edward N. Zalta (ed.), https://plato.stanford.edu/archives/fall2015/entries/agency/(Accessed on August 21, 2019).

Schoettle, B., and Sivak, M. (2015), "A Preliminary Analysis of Real-World Crashes Involving Self-Driving Vehicles" (No. UMTRI – 2015 – 34), Ann Arbor: The University of Michigan Transportation Research Institute.

Schwitzgebel, Eric, and Garza, Mara (2015), "A Defense of the Rights of Artificial Intelligences," *Midwest Studies in Philosophy* 39(1), 98 – 119.

Searle, John (1990), "Is the Brain's Mind a Computer Program?," *Scientific American* 262(1), 26 – 31.

Sharkey, Noel (2018), "Mama Mia, It's Sophia: A Show Robot or Dangerous Platform to Mislead?," *Forbes*, https://www.forbes.com/sites/noelsharkey/

2018/11/17/mama-mia-itssophia-a-show-robot-or-dangerous-platform-to-mislead/#407e37877ac9（Accessed on December 27，2018）.

Sharkey，Noel，and Sharkey，Amanda（2010），"The Crying Shame of Robot Nannies：An Ethical Appraisal，" *Interaction Studies: Social Behaviour and Communication in Biological and Artificial Systems* 11(2)，161 - 190.

Shumaker，Robert W.，Walkup，Kristina R.，and Beck，Benjamin B.（2011），*Animal Tool Behavior: The Use and Manufacture of Tools by Animals*，Baltimore：Johns Hopkins University Press.

Simon，Herbert A.（1956），"Rational Choice and the Structure of the Environment，" *Psychological Review* 63(2)，129 - 138.

Sivak，Michael，and Schoettle，Brandon（2015），"Road Safety with Self-Driving Vehicles：General Limitations and Road Sharing with Conventional Vehicles，" *Deep Blue*，http://deepblue. lib. umich. edu/handle/2027. 42/111735.

Skinner，Quentin（1997），*Liberty before Liberalism*，Cambridge：Cambridge University Press.

Smids，Jilles（2018），"The Moral Case for Intelligent Speed Adaptation，" *Journal of Applied Philosophy* 35(2)，205 - 221.

Sparrow，Robert（2004），"The Turing Triage Test，" *Ethics and Information Technology* 6(4)，203 - 213.

Sparrow，Robert（2007），"Killer Robots，" *Journal of Applied Philosophy* 24 (1)，62 - 77.

Sparrow，Robert（2011），"Can Machines Be People? Reflections on the Turing Triage Test，" in Patrick Lin，Keith Abney，and G. A. Bekey（eds.），*Robot Ethics: The Ethical and Social Implications of Robotics*，Cambridge，MA：The MIT Press，301 - 316.

Sparrow，Robert（2014），"Better Living Through Chemistry? A Reply to Savulescu and Persson on 'Moral Enhancement，'" *Journal of Applied Philosophy* 31(1)，23 - 32.

Sparrow，Robert，and Howard，Mark（2017），"When Human Beings Are Like Drunk Robots：Driverless Vehicles，Ethics，and the Future of Transport，" *Transport Research Part C: Emerging Technologies* 80：206 - 215.

Strange，Adario（2017），"Robot Performing Japanese Funeral Rites Shows No One's Job Is Safe，" *Mashable*，https://mashable.com/2017/08/26/pepper-robot-funeral-ceremony-japan/? europe = true (Accessed on August 21, 2019).

Strohminger, Nina, Knobe, Joshua, and Newman, George (2017), "The True Self: A Psychological Concept Distinct from the Self," *Perspectives on Psychological Science* 12(4), 551 – 560.

Sung, Ja-Young, Guo, Lan, Grinter, Rebecca E., and Christensen, Henrik I. (2007), "'My Roomba Is Rambo': Intimate Home Appliances," in John Krumm, Gregory D. Abowd, Aruna Seneviratne, and Thomas Strang (eds.), *UbiComp 2007: Ubiquitous Computing*, Berlin: Springer, 145 – 162.

Talbot, Brian, Jenkins, Ryan, and Purves, Duncan (2017), "When Reasons Should Do the Wrong Thing," in Patrick Lin, Keith Abney, and Ryan Jenkins (eds.), *Robot Ethics 2.0: From Autonomous Cars to Artificial Intelligence*, Oxford: Oxford University Press, 258 – 273.

The Tesla Team, "A Tragic Loss," *Tesla Blog*, https://www.tesla.com/blog/tragic-loss (Accessed on August 22, 2019).

Tigard, Daniel (forthcoming), "Artificial Moral Responsibility: How We Can and Cannot Hold Machines Responsible," *Cambridge Quarterly in Healthcare Ethics*.

Turing, Alan M. (1950), "Computing Machinery and Intelligence," *Mind* 49: 433 – 460.

Turkle, Sherry (2011), *Alone Together: Why We Expect More from Technology and Less from Each Other*, New York: Basic Books.

Turner, Jacob (2019), *Robot Rules: Regulating Artificial Intelligence*, Cham: Palgrave Macmillan.

Uncredited (2015), "Court Upholds Ontario Truck Speed Limiter Law," *Today's Trucking*, https://www.todaystrucking.com/court-upholds-ontario-truck-speed-limiter-law/(Accessed on August 23, 2019).

Uncredited (2017), "Saudi Arabia Is First Country in the World to Grant a Robot Citizenship," Press Release, October 26, 2017, https://cic.org.sa/2017/10/saudi-arabia-is-first-country-in-the-world-to-grant-a-robot-citizenship/(Accessed on December 27, 2018).

Uncredited (2018), "Robot Turns Out to Be Man in Suit," *BBC News*, https://www.bbc.com/news/technology-46538126 (Accessed on September

4, 2019).

Uncredited (2018), "Amazon Alexa to Reward Kids Who Say: 'Please,'" BBC, https://www. bbc. com/news/technology-43897516 (Accessed on August 28, 2019).

Uncredited (2019), "Road Safety: UK Set to Adopt Vehicle Speed Limiters," BBC, https://www. bbc. com/news/business-47715415 (Accessed on August 23, 2019).

Uncredited (2019), "Meet ADAM, Malaysia's Own Version of Sophia the Humanoid Robot," *Malay Mail*, https://www. malaymail. com/news/ malaysia/2019/07/19/meet-adam-malaysias-own-version-of-sophia-the-humanoid-robot/1772989 (Accessed on August 28, 2019).

Urmson, Chris (2015), "How a Self-Driving Car Sees the World," *Ted*, https://www.ted.com/talks/chris_urmson_how_a_driverless_car_sees_the_road/transcript (Accessed on August 22, 2019).

US Department of Defense Science Board (2012). "The Role of Autonomy in DoD Systems," https://fas.org/irp/agency/dod/dsb/autonomy.pdf (Accessed on August 22, 2019).

Van de Molengraft, René (2019), "Lazy Robotics," Keynote Presentation at *Robotics Technology Symposium 2019*, Eindhoven University of Technology, January 24, 2019.

Van Gaal, Judith (2013), "RoboCup, Máxima onder de indruk von robotica," *Cursor*, https://www. cursor. tue. nl/nieuws/2013/juni/robocup-maxima-onder-de-indruk-van-robotica/(Accessed on August 21, 2019).

Van Loon, Roald J., and Martens, Marieke H. (2015), "Automated Driving and Its Effect on the Safety Ecosystem: How Do Compatibility Issues Affect the Transition Period?," *Procedia Manufacturing* 3, 3280 - 3285.

Van Wynsberghe, Aimee, and Robbins, Scott (2018), "Critiquing the Reasons for Making Artificial Moral Agents," *Science and Engineering Ethics* 25 (3), 719 - 735.

Verbeek, Peter-Paul (2011), *Moralizing Technology: Understanding and Designing the Morality of Things*, Chicago: University of Chicago Press.

Vincent, James (2017), "Pretending to Give a Robot Citizenship Helps No One," *The Verve*, https://www. theverge. com/2017/10/30/16552006/ robot-rights-citizenship-saudi-arabia-sophia (Accessed on December 27,

2018).

Wachenfeld, Walther et al. (2015), "Use Cases for Autonomous Driving," in Markus Maurer, J. Christian Gerdes, Barbara Lenz, and Hermann Winner (eds.), *Autonomous Driving: Technical, Legal and Social Aspects*, Berlin: Springer.

Wagter, Herman (2016), "Naughty Software," presentation at *Ethics: Responsible Driving Automation*, at Connekt, Delft.

Wakabayashi, Daisuke, and Conger, Kate (2018), "Uber's Self-Driving Cars Are Set to Return in a Downsized Test," *New York Times*, https://www.nytimes.com/2018/12/05/technology/uber-self-driving-cars.html (Accessed on August 22, 2019).

Wakefield, Jane (2018), "Robot 'Talks' to MPs about Future of AI in the Classroom," BBC, https://www.bbc.com/news/technology-45879961 (Accessed on August 21, 2019).

Waldron, Jeremy (2012), *Dignity, Rank, and Rights*, Oxford: Oxford University Press.

Wallach, Wendell, and Allen, Colin, *Moral Machines: Teaching Robots Right from Wrong*, Oxford: Oxford University Press, 14.

Weaver, John Frank (2013), *Robots Are People Too: How Siri, Google Car, and Artificial Intelligence Will Force Us to Change Our Laws*, Santa Barbara, CA: Praeger.

Wiegman, Isaac (2017), "The Evolution of Retribution: Intuitions Undermined," *Pacific Philosophical Quarterly* 98, 193–218.

Williams, Bernard (1982), *Moral Luck*, Cambridge: Cambridge University Press.

Winch, Peter (1981), "Eine Einstellung zur Seele," *Proceedings of the Aristotelian Society* 81(1), 1–16.

Winfield, Alan (2012), Robotics, *A Very Short Introduction*, Oxford: Oxford University Press.

Wittgenstein, Ludwig (2009), *Philosophical Investigations*, Oxford: Wiley Blackwell.

Wolf, Ingo (2016), "The Interaction between Humans and Autonomous Agents," in Markus Maurer, J. Christian Gerdes, Barbara Lenz, and Hermann Winner, (eds.), *Autonomous Driving: Technical, Legal and*

Social Aspects, Berlin: Springer.

Wollstonecraft, Mary (2009), *A Vindication of the Rights of Woman*, New York: Norton & Company.

Wood, Luke J. et al. (2017), "The Iterative Development of the Humanoid Robot Kaspar: An Assistive Robot for Children with Autism," in Abderrahmane Kheddar, Eiichi Yoshida, Shuzhi Sam Ge, Kenji Suzuki, John-John Cabibihan, Friederike Eyssel, and Hongsheng He (eds.), *International Conference on Robotics*, Berlin: Springer, 53 – 63.

Yampolskiy, Roman (2017), "Detecting Qualia in Natural and Artificial Agents," available at https://arxiv. org/abs/1712. 04020 (Accessed on September 6, 2019).

Yeung, Karen (2011), "Can We Employ Design-Based Regulation While Avoiding Brave New World?," *Law Innovation and Technology* 3 (1), 1 – 29.

Yuan, Quan, Gao, Yan, and Li, Yibing (2016), "Suppose Future Traffic Accidents Based on Development of Self-Driving Vehicles," in Shengzhao Long and Balbir S. Dhillon (eds.), *Man-Machine-Environment System Engineering*, New York: Springer.

Žižek, Slavoj (2002), *For They Know Not What They Do: Enjoyment as a Political Factor*, London: Verso.